VOM CADILLAC ZUM STUDEBAKER

Die amerikanischen Traumautos der fünfziger Jahre

Motor buch Verlag

ALBERTO MARTINEZ
JEAN-LOUP NORY

Die französische Ausgabe ist dort erschienen
unter dem Titel
LES FOLLES AMÉRICAINES
Die Übertragung ins Deutsche besorgte
Renate DARIC.

ISBN : 3-87943-885-4

5. Auflage 1986

Postfach 1370, 7000 Stuttgart 1
Eine Abteilung des Buch- und Verlagshauses
Paul Pietsch Gmbh & Co. KG

Satz und Druck : Berger-Levrault
Bindung : SIRC

Made in France

inhaltsverzeichnis

Die Epoche der «Fifties»

HOLLYWOOD
LOTA RED
BUICK

Vorhergehende Seite: *Dieser Buick „Electra 225" mit dem Nummernschild LOTA RED stammt aus dem Jahr 1959. Das Heck zeigt strenge, von breiten Chromleisten unterstrichene Linien und die für diese Epoche charakteristischen Heckflossen.*

Wenn man stundenlang bei schwärzester Nacht durch das öde Nevada gefahren ist, und wenn sich so gegen vier Uhr morgens das erste Dämmern des kommenden Tages ankündigt, steigt in uns aus unbekannten Tiefen eine überwältigende Freude auf. Die Müdigkeit vergeht, und die schwarzen Gedanken, die man seit Ewigkeiten — so kommt es einem vor — beim bloßen Schein der Instrumentenbeleuchtung im Kopf herumwälzt, lösen sich in Nichts auf.

Nur zwei Fahrzeuge rollen auf der „Interstate". Vorne fährt ein Ford „Fairline Skyliner", Baujahr 1957, gefolgt von einem weißen Cadillac, ein Cabriolet mit roten Ledersitzen. Zwei Modelle, die man heutzutage kaum mehr sieht; zwei chrom- und PS-strotzende Ungetüme, die alle modernen Produkte der Automobilindustrie weit hinter sich lassen. Vor allem der „Cad"! Fast 345 PS und ein Viergang-Automatikgetriebe, bei dem die Tachonadel im dritten Gang mühelos auf 150 km/h rutscht und ein paar Sekunden später die 200-Zone erreicht! Eine reine Wonne!

Keine Polizei in Sicht, nur die beiden V8 in Hochform! In einer Stunde sind wir in Las Vegas und dann in Nullkommanichts am Tahoe-See an der kalifornischen Grenze, wo ein Treffen der „fifties" stattfinden soll. Gestern abend haben wir die beiden „fifties" in der Nähe eines Burger-King parken sehen. Es wurden ein paar Begrüßungsworte gewechselt, und da alle in die gleiche Richtung und an die gleiche Stelle wollten, ergab sich das Weitere ohne Umstände von selbst. Und wir sind mitgefahren.

Damit wären wir also beim Thema angelangt. Jetzt brauche ich nur noch von den Fahrzeugen zu reden, von einer Epoche und einem Phänomen im Automobilbau, das es in dieser Form wohl nicht mehr geben wird, das aber ein Vierteljahrhundert lang einen gewaltigen Einfluß ausgeübt hat. Jedermann weiß daher Bescheid, wenn von den Autos der „fifties" gesprochen wird.

Mit dem Ende des Zweiten Weltkriegs kehren die Amerikaner zu ihrem „home, sweet home" zurück. Klar, die Freude, wieder daheim zu sein, ist groß, aber die heimische Industrie hat ganz schön was abgekriegt. Alles läuft nur ganz langsam wieder an. Soweit es Streiks und akuter Rohstoffmangel zulassen, wird die Arbeit in den Fabriken nach und nach wieder aufgenommen. In dieser Zeit des Wiederaufbaus hat es die Automobilindustrie besonders schwer. Dafür gibt es zwei Gründe: Es fehlt an Zeit, um neue Modelle zu entwickeln und an Stahl, der außerdem zu teuer ist. So kann man mit ansehen, wie die berühmte Firma Packard, die seinerzeit noch die Produktionsziffern von Cadillac übertraf, im Jahr 1949 ihre Führungsposition verliert, weil nicht rechtzeitig genügend Rohmaterial zum Höchstpreis eingekauft worden war. Alles wegen eines wenig weitsichtigen Präsidenten, „Pinchpenny" genannt, von dem noch die Rede sein wird, den man auf seine Ranch in Texas entlassen hatte, wo er in Ruhe über seine Dummheit nachdenken konnte.

Bis 1947 begnügten sich die drei großen Automobilhersteller — und in ihrem Gefolge die kleineren — praktisch damit, die Vorkriegsmodelle mit unterteilter Windschutzscheibe, weit vorspringender Motorhaube mit deutlich abgesetzten Kotflügeln und wenig leistungsfähigen Sechs — oder Achtzylinder — Reihenmotoren nachzubauen.

Und wer weiß, von wem die erste wirkliche Neuheit nach dem Krieg stammt? Was den Stil betrifft, natürlich.

Man höre und staune: Von der Firma Studebaker! Jawohl, der neue „Stude" wurde von einem genialen Franzosen, mit Namen Raymond Loewy, entworfen. Die vorderen Kotflügel waren in den Fahrzeugrumpf integriert worden (Pontonstil), und der Kühler hatte seine schmale, hohe Form verloren und war jetzt breit und niedrig. Der neue Stil kam so unerwartet („Starlight" nennt sich das Modell), daß böse Zungen — an denen es ja nie fehlt — fragten, wo denn eigentlich vorne und hinten sei. Das waren diejenigen, die von ihren Vorkriegsvehikeln nicht loskommen konnten. Die Verwandlung war allerdings radikal, und den geistigen Nachzüglern verschlug es die Sprache. Diese Kleinbürger zogen 1947 die veralteten Formen der Modelle von Ford oder auch General Motors vor, die — wie erwartet — die höchsten Verkaufsziffern erzielten: 1 430 000 Fahrzeuge bei GM und 770 000 bei Ford, während Studebaker schon nach 123 000 Exemplaren „sold out" ankündigte.

Dann kommt die zweite Revolution im Karosseriestil, eine Revolution, welche die gesamte Automobilindustrie der Epoche der „fifties" erfaßt. So entsteht, was man eine „neue amerikanische Automobil-Kultur" nennen kann. In diesem Zusammenhang sehe ich mich

gezwungen, einige an höchster Stelle sich abspielende Vorkommnisse zu beschreiben, denn in den Präsidentenbüros entwickeln sich eine Modetendenz und ein Lebensstil, die in Europa unbekannt geblieben sind.
Es lohnt sich also, seine Schritte in Richtung der Direktionsbüros von Detroit oder Cleveland zu lenken.
Ich sagte : Zweite Revolution. Das ist gleichbedeutend mit „fins" oder Flossen. Eine lange Geschichte mit dem Thema Heckflossen.
Der Chefzeichner bei GM heißt Harley Earl. Ein gutmütiger Mensch von zwei Metern Länge, der eines schönen Tages tief ergriffen vor einem Kampfflugzeug P 38 haltmacht, ein Gebilde mit drei Rümpfen, von denen die beiden äußeren in einer graziös geschwungenen Heckflosse enden. Dabei kommt ihm die Idee, daß man auch Autos mit diesen Auswüchsen verzieren könnte. So kommen die „prefins" auf dem Cadillac von 1947 zustande, die sich im nächsten Jahr zu regelrechten Heckflossen auswachsen. Diese Luftleitflügel nehmen immer größere Ausmaße an und finden ihr Gegenstück in Stoßstangen mit raketenförmigen Gebilden zu beiden Seiten. Zehn Jahre später, vor allem 1958, 1959 und 1960, erreicht diese Mode ihren Höhepunkt mit den wohlbekannten, phantastisch — agressiven Profilen der GM —, Ford- oder Chrysler-Modelle.
Diese kurzen Ausführungen hinsichtlich des neuen „Styling" mögen genügen, um dem Leser ein Bild vom Hauptanliegen der Konstrukteure zu vermitteln, die um jeden Preis Neues schaffen und damit verblüffen wollen. Klassische oder einfach schlichte Linien sind von nun an verpönt, zumal nach Anfang der fünfziger Jahre kein Mangel an Stahl mehr besteht. So werden in einem noch nie dagewesenen Ausmaß Chromteile hergestellt, Zeichen neuen Reichtums und eines neuen Schönheitsempfindens.
Geharnischt wie ein Streitwagen und glänzend wie ein Spiegel mit seinen polierten Flächen, reflektiert das Fahrzeug die Seele seines Eigentümers, Symbol von Macht und Selbstverherrlichung.
In diesen Jahren schwellen die Produktionsziffern der großen Firmen an wie hormongefüttertes Jungvieh. 1949 baut General Motors 2 200 000 Fahrzeuge; die Produktion von Chrysler beträgt 1 120 000 und die von Ford 1 020 000 Exemplare. Die kleineren Firmen bauen zwischen 230 000 und 60 000 Fahrzeuge (Studebaker und Kaiser-Frazer).
Dank des wirtschaftlichen Aufschwungs und der Vielfalt neuer Modelle besitzt fast jede amerikanische Familie noch vor 1950 ihr eigenes Auto. Das ist eine ungeheuer wichtige Tatsache, denn das Auto steht im Mittelpunkt des amerikanischen Tagesablaufs. Alles dreht sich um das Auto — es gibt kein Entrinnen mehr. „Freeways", auf denen der Fahrer schneller und sicherer an seinen Bestimmungsort gelangt, wachsen nach allen Himmelsrichtungen. Sogar die Städtegestaltung geschieht im Hinblick auf das Auto. Riesige Parkplätze entstehen direkt vor den Türen der Supermärkte. Die Vororte der Großstädte, wo (im Gegensatz zu den europäischen Ländern) Platz genug ist, um Garagen für ein oder zwei Autos zu bauen, werden zu reinen Wohnvierteln, während sich die Innenstädte langsam zu reinen Geschäftszentren entwickeln.
Ja, während der fünfziger Jahre entsteht tatsächlich ein ganz neuer Lebensstil, und zwar erstaunlich schnell. Ohne sein Auto ist der Mensch hilflos, wie ein aus dem Dschungel in die Großstadt verpflanztes Tier. Ein in Europa unbekannter Lebensstil.
Die „fifties" waren die „belle époque", während der folgende Devise galt — man merke sie sich, denn sie könnte als Sinnspruch eingerahmt werden : „A car, a job, a girl, a house". Was für ein Programm! Für die „kids" zumindest, denn ein Mädchen ist nur für den zu haben, der ein Auto vorweisen kann. Wenn also der Herr Papa gut aufgelegt ist und die Soße des saftigen Hamburgers, den er verspeist, nicht gerade in seinen Anzugärmel gelaufen ist, überläßt er das Auto für den Abend vielleicht seinem Sohn, was das Leben vorteilhaft verändert.
Die „Kids" fahren in die „drive-in"-Kinos, oder in die Snack-Bars, und verbringen ihre Zeit damit zu tanzen und Hamburger zu essen. Wie es scheint, war diese Art Nahrung damals „super", und die Teenager stopften sich pausenlos damit voll, was sie, wie man hört, auch heute noch tun. Eine Manie, die auch auf Europa übergegriffen hat. Diejenigen „Kids", die auf dem Land wohnen, wo die Freeways noch nicht hingekommen sind, organisieren Expeditionen zu sechs oder acht in einem Auto, um zu den Stätten des Verderbens zu gelangen. Das „drive-in-movie" ist einer der Sammelpunkte der Jugend. Dieses Auto-Kino unter freiem Himmel ist ganz praktisch, um in seinen persönlichen rol-

Nächste Seite : *Der Fairlane „Crown Victoria", Baujahr 1955, zeichnet sich durch eine Panorama-Windschutzscheibe und einen verchromten Überrollbügel aus, der sich im Innenraum wiederholt.*

Ford

lenden vier Wänden die Vorgänge auf der Leinwand zu verfolgen. Aber herzlich wenige der lieben Kleinen sind an dem Film interessiert; sie haben mit der netten Biene in nächster oder allernächster Nähe — je nach den augenblicklichen Gefühlen — alle Hände voll zu tun. Für das „drive-in-Kino“ gibt es ein besonders interessantes Fahrzeug, den Nash Airflyte von 1949, auch „bathtub“ genannt, was soviel heißt wie Badewanne. Tatsächlich verfügt dieses Fahrzeug mit seiner aerodynamischen Silhouette, die unwiderstehlich an eine Schnecke mit ihrem Gehäuse erinnert, über einen besonders intimen Innenraum. Aber es kommt noch besser. Die Vordersitze lassen sich umklappen und bilden im Handumdrehen mit den Rücksitzen eine bequeme Liege. Wie man sieht, war an alles gedacht worden. Ein Druck auf den Knopf, und in Nullkommanichts befindet sich die nette, nichtsahnende Biene in der Horizontalen, eine denkbar ungüstige Position zum genauen Betrachten der Filmschauspieler. Sehr bald jedoch kommt dieses Auto mit seinem U-Boot-Innenraum bei den puritanischen Familien in schlechten Ruf, die in ihm ein teuflisches Instrument des Verderbens sehen. Deshalb überlassen die Herren Väter, die den Airflyte 1949 besitzen, ihren Söhnen immer seltener ein solches Objekt, und von Seiten der Familien dieser charmanten Teenager besteht ausdrückliches Verbot, auch nur für einen Augenblick das sündhafte Fahrzeug zu besteigen.
Förderhand verbringen die „youngsters“ ihre Abende ruhig im Inneren ihrer Autos mit langsam laufenden V8 oder Sechszylinder-Reihenmotoren. In diesen kleinen Provinzstädtchen ist nicht viel los; die „Kids“ fahren im 10 Meilen-Tempo auf der Suche nach Teenagern und hören sich dabei das Radio (mit Röhren, versteht sich) an.

Das was mit „underground auto-culture“ bezeichnet wird, fängt so gegen 1948 an. Dieser neue Freizeitstil der Jugend findet in der Nähe der Autokinos seinen deutlichsten Ausdruck, von denen das berühmteste das „Piccadilly“ in der Nähe des Sepulveda Boulevards ist. Hier kann man Roadsters aus den „fourties“ sehen, eine Art Ford Coupé mit drei Fenstern und einem V8 Baujahr 1940, „Custom Cars“ und haufenweise „Rods“. Auf dem Sepulveda Boulevard bilden sich täglich sogenannte „cruisin“, eine Prozession, Stoßstange an Stoßstange langsam hintereinander fahren — der Automobile, eine Art Show. Oft sehen sich Hunderte von „Kids“, auf den Kotflügeln ihrer auf den Bürgersteigen geparkten Autos sitzend, bewundernd die vorüberrollenden Prachtexemplare an.

Zu diesem Zeitpunkt entsteht das Mythos der sagenhaften 400 Meter-Rennen (Viertelmeilenrennen) mit Standstart, d.h., etwa die Entfernung zwischen zwei Häuserblocks oder, was noch bebliebter ist, zwichen zwei Ampeln. Mitten in der Nacht oder im Morgengrauen stellen sich die „Kids“ mit ihren Autos in einer Zweierreihe an den Ampeln auf, um bei Grün mit Volldampf (hammer down) loszuschießen. Der Gewaltstart drückt die Federungen

Die Front eines Ford Mercury „Turn-Pike Cruiser“, ein Cabriolet von 1957, das in kleiner Serie (2 *000 Exemplare) gebaut worden war. Es war der „Pace Car“ beim 500-Meilen-Rennen von Indianapolis.*

zusammen und preßt das Fahrzeug für einen Sekundenbruchteil auf den Asphalt, wo das Gummi der Hinterräder schwarze Schleifspuren hinterläßt. Sieger ist natürlich der erste an der nächsten Ampel.
Dann geben die „Kids" den Sepulveda Boulevard auf und wechseln nach Compton über, wo die nächtlichen Wettrennen auf dem Highway stattfinden. Das ist sicherer, denn beide Fahrzeuge haben eine durch die Mittelrampe getrennte Fahrbahn für sich allein, wodurch die früher häufigen Zusammenstöße vermieden werden. Es sind regelrechte Wettkämpfe, welche die „Kids" in Compton austragen. Sie stellen ihre Autos zu beiden Seiten des Highways auf, stellen die Scheinwerfer an und sorgen so für eine taghelle Beleuchtung der nächtlichen Szenerie. Der Highway wird an beiden Enden gesperrt, und wenn die Polizei nicht eingreift, liefern sich die „Kids" Krieg bis aufs Messer!
Mit diesen Spielchen entsteht bei der amerikanischen Jugend die Leidenschaft für Motoren und Geschwindigkeit. Ein paar Jahre später erkennt sich eine ganze Generation in James Dean wieder, der am Steuer seines Porsche Speedster auf der Autobahn zwischen Los Angeles und San Franzisko, in der Nähe von Salinas, tödlich verunglückte.
Dazu muß gesagt werden, daß die großen Firmen alles tun, um diese Automobilleidenschaft zu unterstützen. Die Technik macht ungeheuere Fortschritte, und jeder Hersteller tut sein Bestes, um den nächsten Konkurrenten aus dem Weg zu schaffen. Schon 1948 erhalten die Cadillac-Modelle einen hochverdichteten V8, gefolgt von pneumatischen Federungssystemen, vollautomatischen Getrieben, den unwahrscheinlichsten elektrischen Anlagen, wie der foto-elektrischen Zelle, mit der die Fahrzeugbeleuchtung automatisch den äußeren Lichtverhältnissen angepaßt wird, d.h. die automatisch nach Bedarf auf- und abblendet, und was sonst noch das Herz begehrt. Nach und nach werden die Fahrzeuge mit Lenk- und Bremshilfen ausgestattet, und der Leser wird feststellen, daß die Amerikaner keineswegs so phantasielos sind, wie böse Zungen manchmal behaupten. Zumindest in Sachen Automobil während der bedeutsamen Epoche der „fifties". Sie sind die Urheber von Fahrzeugen, die einerseits die Tradition der berühmten amerikanischen Vorkriegsmodelle fortsetzen sollen und andererseits die Legende der langen luxuriösen Hochleistungslimousien begründen helfen, die schnell und geräuschlos über die eben enstandenen Interstates rollen. Genug, um die Herzen aller Teenager, die von Geschwindigkeit und englischen Sportwagen träumen, höher schlagen zu lassen.
Das alles war nur vorübergehend in Vergessenheit geraten. Die „fifties" und der damit verbundenen Lebensstil erwachen zu neuem Leben. Sie werden aus den Garagen, Scheunen, Autofriedhöfen und sonstigen Plätzen hervorgeholt und nach allen Regeln der Kunst wiederhergestellt. Glänzend und in technischer Hochform sind sie von nun an Bestandteil des Erbguts, ein Phänomen, das der Sehnsucht der „Kids" von damals und deren Eltern zu verdanken ist.

Im Jahr 1958 starren die Fahrzeuge nur so vor Chrom, vor allem die hinteren Kotflügel, wie bei diesem Buick „Century". Nächste Seite : *„Star Fire", ein Cabriolet Oldsmobile 98 aus dem Jahr 1955. Man beachte die symmetrische Anordnung der Instrumente, den Hebel neben dem Lenkrad für einen Suchscheinwerfer und die Lenkradnabe mit den Konturen Nord- und Südamerikas.*

423 KR

CHRYSLER CORPORATION

Dieser wundervolle „Town and Country“ ist ein Chrysler, Baujahr 1948. Er wird von einem 135 PS leistenden Achtzylinder-Reihenmotor angetrieben. Die Seiten- und Heckteile bestehen aus witterungsbeständig gemachtem Eschenholz.
Oben : *Links neben dem Lautsprecher befindet sich das Radio mit einer Farbsäule, die je nach Wahl des Senders die Farbe wechselt.*

CUV·946

Chrysler

In technischer Hinsicht sind die superkomfortablen „Town and Country" von Chrysler uninteressant, dafür warten sie aber mit umwerfender Dekoration und Ausführung auf. Wie z.B. dieser agressiv rote Chrysler mit seiner imposanten Front und einem tollen, holzverkleideten Heck : jawohl, richtiges Holz, bitte sehr! Eine ereignisreiche Geschichte, diese Holzverkleidung; eine Geschichte von qualifizierten Arbeitskräften und viel Sorgfalt und Mühe, die aus diesem Cabriolet das berühmteste Modell der damaligen Zeit gemacht haben. Es kostet 2 743 Dollar, ein an sich vernünftiger Preis, wenn man dem enormen Arbeitsaufwand Rechnung trägt, den die Holzverarbeitung mit sich bringt. Für die Hauptträger war unverformbares, widerstandsfähiges Eschenholz verwandt worden und auf die Blechteile hatte man dünne Mahagoniplatten geklebt, die allerdings im Jahr 1947 — Schmach und Schande — durch eine selbstklebende Holzimitation ersetzt worden waren. Es muß zugegeben werden, daß nicht nur zum Bau des Fahrzeugs fachmännisches Geschick gehört — was sich übrigens nicht bezahlt macht —, sondern auch Pflege und Wartung kosten ein Vermögen. Das Auswechseln einer einzigen der vier seitlichen Mahagoniplatten z.B. kostet 298 Dollar, während die entsprechende Arbeit beim Serien-Cabriolet nur 66 Dollar kostet. Wie man sieht, hat diese rustikale Schönheit ihren Preis und stellt einen Luxus dar, den Chrysler seinen Kunden nicht lange anbieten kann. Verständlich, daß dieser Versuch alles andere als einträglich ist.

Jedenfalls kann sich die Marke rühmen, ein solches Kleinod geschaffen zu haben. Seine Besonderheiten liegen übrigens nicht nur in der Verwendung von Eschenholz. Es hat auch ein Rundfunkgerät, mit Röhren, versteht sich, das mit Vorwahltasten ausgestattet ist und als tollste Raffinesse eine Farbsäule besitzt, die je nach Tonstärke die Farbe wechselt. Daneben befindet sich die Uhr; darüber ein Schalter für den elektrischen (nicht mehr mit Unterdruck arbeitenden) Zweistufen-Scheibenwischer. Ein sorgfältig einstudiertes Heiz- und Belüftungssystem, mit dem die Scheiben immer glasklar bleiben. Auch beim Tacho gibt es eine Spielerei mit Farbe : Grün bis 50 km/h, orange bis 80 km/h und rot darüber. Vom Zigarettenanzünder, den beiden Außenspiegeln, einer Kontrolleuchte für die Handbremse, dem elektrisch zu betätigenden Verdeck und acht zur Wahl stehenden Farbtönen für die Lackierung ganz zu schweigen.

1946 schwört Chrysler immer noch auf den Reihenmotor. Cadillac baut schon seit 1915 V8-Motoren, Ford entschließt sich Anfang der Dreißiger dazu. Der „Town and Country" kann damit also nicht aufwarten. Dafür hat er einen wuchtigen Achtzylinder-Reihenmotor mit Block und Zylinderkopf aus Gußeisen. Die fünffach gelagerte Kurbelwelle, ein klotziges, ebenfalls gußeisernes Teil, stammt aus dem Jahr 1934. Mit einem Hubraum von 5,3 Litern und einem Verdichtungsverhältnis von 6,8:1 entfaltet das Ungetüm 135 PS bei 3 400/min. Das günstigste Drehmoment von 37,26 m/kg steht bei 1 000/min bereit. Ansonsten gibt es einen Vergaser vom Typ Carter und eine Druckumlaufschmierung. Im Motor zirkulieren sechs Liter Öl und der Kühler faßt 27 Liter. Die einzige Neuerung besteht in Kolben aus Aluminium. Die übrigen technischen Merkmale sind die gleichen wie beim „New Yorker" von Chrysler : Eine banale Panhard-Hinterachse mit Blattfedern, Schneckenlenkung und Trommelbremsen mit einem hydraulischen Bremssystem. Die Originalität des technischen Aufbaus, wenn überhaupt von Originalität gesprochen werden kann, liegt im Getriebe. Viele Modelle sind bereits mit einem vollautomatischen Getriebe ausgestattet, wie das von GM beispielsweise. Bei Chrysler kann man sich nicht zu dieser gewagten Neuerung entschließen, deshalb zieht es die Firma vor, halbautomatische Getriebe zu entwickeln, die zwar eine „Fluid drive" genannte, hydraulische Trennkupplung haben, aber noch ein Kupplungspedal besitzen. Das drückt sich praktisch durch manuelles Schalten im 1. und 3. Gang aus, und durch automatischen Gangwechsel im 2. und 4. Gang. Man muß sich noch bis Ende 1953 gedulden, wenn man die gesamte Chrysler-Baureihe mit automatischen Zweiganggetrieben ausgestattet sehen will (Powerflite).

Ein Erfolg, der „Town and Country"? Was den Karosserieentwurf betrifft, zweifellos. Mit seinen auf 5,44 Meter

Länge verteilten zwei Tonnen Leergewicht macht er einen Eindruck von Potenz und Pracht, den auch die Version 300 des Jahres 1955 vermittelt. Leider ist dieses Fahrzeug für Gentlemen teuer und sein Bau eine langwierige Prozedur. 1946 entstehen nur 1 936 Cabriolets, 3 137 im nächsten Jahr und 2 936 im Jahr 1948. Im Februar 1949 wird die Produktion nach 374 Exemplaren eingestellt.
Das Coupé « Royal » aus dem Jahr 1948, das in diesem Bildband für Starautos bewundert werden kann, wird die Liebhaber von „hot rods" in freudige Erregung versetzen. Für einen „hot rodder" ist es ein Coupé mit drei Fenstern, und wenn man ihm einen 300 oder 400 PS starken V8 einbaut und eine Hinterachse von Jaguar, so wird aus dem „Royal" ein glorreiches Symbol der modifizierten „fifties". Das ist natürlich bei dem prachtvollen Coupé nicht der Fall, dessen technischer Aufbau unverändert geblieben ist. Es ist 37 000 Meilen alt, hat eine glänzende, makellose Lakkierung und ein Fahrwerk, das Miami — Los Angeles im Schlaf schaffen würde.
Dieses Coupé hat noch einen zweiten Namen; es heißt in Wirklichkeit „Business Coupé", oder „Three Passengers Coupé", was bedeutet, daß es trotz seiner luxuriösen Aufmachung und seiner sportlichen Note als funktionelles Geschäftsfahrzeug konzipiert worden war. Hinter dem Rücksitz ist ein großer Raum für das Gepäck vorgesehen, deshalb hat es auch nur drei Fenster. Das gleiche Coupé gibt es in einer Version mit fünf Fenstern, nennt sich „Club Coupé" und verfügt über zwei Sitzbänke. Die Bezeichnung „Club" verleiht dem Fahrzeug eine leicht aristokratische Note, aber ich ziehe trotzdem das „Business Coupé" mit seiner nonchalanten Linie vor. Zuerst einmal, weil seine Gesamterscheinung, die von einem überdimensionalen Heck mit einem riesigen Kofferraum beherrscht wird (der übrigens meistens leer bleibt), einfach perfekt ist. Der Kühler ist der gleiche wie beim „Town and Country", dagegen ist aber die Linienführung eleganter und schlichter.
Dieses Automobil hat einen Sechszylinder-Reihenmotor mit einem Hubraum von 4 Litern, womit es 112 PS leistet. Es ist mit dem halbautomatischen „Fluid Drive" ausgestattet; der Rahmen ist der gleiche wie beim Modell „Windsor", d.h. eine klassische, außer den einzeln aufgehängten Vorderrädern wenig originelle Konstruktion.

Das Coupé Chrysler „Royal" von 1947, auch „Business Coupé" genannt, hat eine breite Sitzbank für drei Personen und nur drei Fenster.

Der Chrysler „New Yorker“ mit vier Türen aus dem Jahr 1956. Durch die Zweitonlackierung heben sich die Heckflossen deutlich vom Fahrzeugrumpf ab.

Chrysler

Eine Panorama-Windschutzscheibe und ein schlichter Kühlergrill. Das Wappen soll den Hauch des Exklusiven schaffen.

Chrysler

Der berühmte Chrysler „300" beginnt seine Laufbahn 1955 mit einem 300 PS-Motor. Hier ist der „300-F" von 1960 zu sehen mit der Form eines Reserverads auf dem Kofferraumdeckel.

Und weiß der Leser, um was es sich bei der technischen Revolution in den „fifties" bei Chrysler handelt? Nein? Um das Erscheinen des ersten V8 der Marke — im Jahr 1951 — mit dem Namen „Fire Power". Warum wird dabei von einer Revolution gesprochen? Aus mehreren Gründen : Erstens wegen seiner modernen Konzeption mit halbkugelförmigen Brennräumen und einer hohen Verdichtung (7,5:1). Zweitens, weil ihn dieser Aufbau zum stärksten Motor seiner Zeit macht : 180 PS bei 4 000/min, gegen 160 PS beim Cadillac mit dem gleichen Hubraum, d.h. 5,4 Liter. Und schließlich, weil er immerhin seit 1937 bereits das Studienobjekt der Forschungsbüros ist : Wenn die Entwicklungsdauer eines Objekts eine Garantie für Qualität ist, dann konnte der „Fire Power" ja gar nicht anders als perfekt sein. Was nichts daran ändert, daß der Chrysler V8 zwei Jahre später von einem 210 PS leistenden Cadillac-Motor überrundet wird. Chrysler nimmt die Herausforderung an und bringt — wiederum zwei Jahre später, 1955 —, ein noch stärkeres Triebwerk heraus, das mit schärferen Nockenprofilen, einem Vierfachvergaser und einem Doppelauspuff bei gleichbleibendem Hubraum von 5,4 Litern jetzt 250 PS leistet. Mit diesem Motor werden die Spitzenmodelle „New Yorker" und „Imperial" ausgestattet.
Die auf den vorigen Seiten abgebildete Limousine ist der „New Yorker", Baujahr 1956. Seine genaue Typenbezeichnung ist C-72. Im Gegensatz zu den Cadillac-Versionen hat er schlichte Linien, ohne allzuviele Zierteile. Diskrete, von der Mitte der Flanken ausgehende Heckflossen und ziemlich wuchtige Stoßstangen fügen sich harmonisch in das Gesamtbild ein. Der Motor ist weiter verbessert worden und leistet mit einem Hubraum von 5,8 Litern 280 PS. Dahinter liegt das „Power Flite"-Automatikgetriebe. Außerdem gibt es bei diesem Modell Lenk- und Bremsunterstützung, elektrische Fensterheber und vor allem ein Super-Beheizungs- und Belüftungssystem, das mit Benzin arbeitet und in ein paar Sekunden eine Temperatur von 100 Grad Fahrenheit erzeugt (38° Celsius). Neues gibt es auch bei der Gangschaltung, die nicht mehr durch einen Hebel, sondern durch Drucktasten bedient wird, eine Vorrichtung, die zur Tradition von Chrysler gehört.
Trotz seines etwas schwerfälligen, wenig sportlichen Äußeren kann der „New Yorker" mit einem vorbildlichen Fahrverhalten aufwarten. Die Lenkung gilt in den USA als präzise, die Bremsen sind leistungsfähig und haltbar. Eindrucksvoll sind die Leistungen: Die 170 km/h Höchstgeschwindigkeit werden mühelos bei einwandfreiem Geradeauslauf erreicht. In 10,5 Sekunden beschleunigt das Fahrzeug von 0 auf 100 km/h, was für sein Gewicht von zwei Tonnen und für die damalige Zeit ein guter Wert ist. Eine Limousine, der man ihre sportlichen Leistungen nicht ansieht; allerdings kommt sie erst weit hinter dem berühmten, sagenhaften Chrysler 300-C, der 1955 herausgebracht wird.
Dieses von der Presse als „fantastic" bezeichnete Automobil ist das Werk eines Mannes mit Namen Robert Mac Gregor, Chefingenieur bei Chrysler. Beim hier abgebildeten Coupé handelt es sich um den 300-F, der fünf Jahre später mit modifizierter Karosserie, aber mit den gleichen technischen Merkmalen wie beim 300-C erscheint.
Im August 1954 entschließt sich die Firmenleitung zum Bau eines Wettbewerbsfahrzeugs, dessen Gesamterscheinung sich so wenig wie möglich von den Serienfahrzeugen unterscheiden soll. Für dieses Super-Automobil verwendet Virgil Exner, Stilist bei Chrysler, als Basis den Entwurf für das Coupé „New Yorker", den er mit Stilelementen vom „Imperial" (Kühler) verbessert. Als technische Basis dient wieder der 5,4 Liter-Motor mit den

halbkugelförmigen Brennräumen. Ziel dabei ist, eine Leistungssteigerung auf 300 PS zu erreichen, wozu die Nockenwelle mit den schärferen Nockenprofilen der Cunningham-Modelle „Le Mans" von 1954 verwendet wird. Damit das Fahrverhalten nicht unter dem bedeutenden Leistungszuwachs zu leiden hat, wird das Fahrwerk niedriger gelegt und die Federung härter eingestellt. Sofort nach Fertigstellung kommt das Fahrzeug nach Daytona, wo man es einer Testserie unterzieht, die seine sportlichen Kapazitäten unter Beweis stellen soll. Die Beschleunigungswerte im Test ergeben 9,8 Sekunden um das 60 Meilen-Tempo (96,5 km/h) zu erreichen; 16 Sekunden von 0 auf 90 Meilen (144,8 km/h); die Höchstgeschwindigkeit liegt bei 130 miles/hour (209 km/h). Zu diesen Ergebnissen verhilft u.a. auch die „Power Flite"-Getriebeautomatik. Der Vollständigkeit halber und um jedermanns Geschmack zu treffen, stehen vier Achsuntersetzungen zur Wahl. Der Basispreis beträgt 4 055 Dollar, d.h. fast 500 Dollar mehr als das Coupé „New Yorker". Zur Wahl stehen Radio, Heizung und Servolenkung gegen einen Aufpreis von 300 Dollar.

Die Firmenleitung läßt den 300-C unverzüglich zu den NASCAR — Rennen (National-Association for Stock Car Automobile Racing) antreten, die der Super-Chrysler alle hintereinander gewinnt. Ein voller Erfolg, mit dem sich die anderen Teilnehmer wie Nash, Hudson usw. nicht messen können.

Diese wahre Offenbarung in Sachen Automobil, die allen Teenagern mit einem Minimum an Verständnis für Hubraum und Zylinder einen ehrfürchtigen Schauer über den Rücken jagt, hört mit dem Jahr 1955 noch nicht auf! Im Gegenteil! Das Coupé wird von Jahr zu Jahr verbessert und erhält immer stärkere Triebwerke. 1956 nennt es sich logischerweise 300-B. Sein Hubraum beträgt jetzt 5,8 Liter (wie beim „New Yorker") und die Leistung steigt auf 340 PS (60 PS mehr als beim „New Yorker") bei einem Verdichungsverhältnis von 9:1. Allerdings wird noch etwas Besseres angeboten : Eine Version dieses Motors, der mit einer Verdichtung von 10:1 ganze 355 PS leistet; die Beschleunigungswerte liegen bei 8,4 Sekunden von 0 auf 60 miles/hour; die Höchstgeschwindigkeit beträgt 139 Meilen, d.h. 222,4 km/h. Auch hier stehen wieder ein halbes Dutzend Achsuntersetzungen zur Wahl, von 3,08 bis 6,17; mit dem Untersetzungsverhältnis von 6,17 erreicht der 300-B die 60 Meilen-Grenze in nur 4 Sekunden! Das Erscheinen des „Big-C" im Jahr 1957 versetzt den Rivalen des 300-C einen weiteren Schlag. Die Karosserie ist völlig neu entworfen worden und zeigt klare, klassische Linien, majestätisch emporsteigende Heckflossen und einen agressiven Kühlergrill. Der 300 ist als Coupé und Cabriolet erhältlich. Hubraum und Leistung des serienmäßigen Motors betragen 6,4 Liter und 375 PS, es steht eine 390 PS (!) leistende Version zur Wahl. Man hatte sich einiger Raffinessen bedient, um den Leistungszuwachs verkraften zu können : Die Lenkung ist präziser, der Kühler-Ventilator kann bei 2 500 Umdrehungen ausgekuppelt werden und der Querstabilisator ist verstärkt worden. Damit schafft der „Big-C" eine Spitze von 240 km/h!

1958 bringt wieder Neues. Diesmal nennt sich das Modell 300-D und trägt die Typenbezeichnung LC3-S. Die Linien sind fast unverändert vom Vorgänger übernommen worden, nur die Form des Kühlers hat sich vereinfacht. Auch diese Version ist perfekt gelungen und leistungsstark : Motor und PS-Zahl sind gleich geblieben, neu ist das Einspritzsystem, das man bei den „Corvette"-Motoren wiederfindet. Leider hat das System noch Mängel und die erhofften 390 PS lassen auf sich warten. Diese „Electrojector" genannte Einspritzung erweist sich als Enttäuschung : Die ersten sechzehn damit ausgestatteten Fahrzeuge sind betriebsuntüchtig und man greift auf den Doppelvergaser zurück, mit dem die Fahrzeuge „nur" 375 PS abgeben.

Im Jahr 1960 vervollständigt sich die Baureihe 300 durch den bereits erwähnten 300-F. Die vollkommene, rassige Linie und die gleiche Potenz wie die seiner Vorgänger zeichnen auch diese Version aus. Hinsichtlich des Triebwerks gibt es wenig Neues, die Hauptmerkmale sind inzwischen ausreichend bekannt. Chrysler baut die Serie 300 bis 1970, ohne daß die Modelle der letzten Jahre die Höhen technischer und stilistischer Vollkommenheit erreichen können, welche die Fahrzeuge der „fifties" auszeichnete.

Im Grunde und im Rückblick kann man sagen, daß die besten Serienmodelle von Chrysler die « sixties » nicht überlebt haben, und daß 1955 das erste und gleichzeitig erfolgreichste Jahr der Serie 300 war.

Der Break „New Yorker" von 1955 mit verchromten kleinen Heckflossen, die nicht zum Gesamtbild des Fahrzeugs passen. Oben : *Blick auf das Armaturenbrett. Die Uhr sitzt in der Lenkradnabe. Links die Drucktastenbedienung für das Automatikgetriebe.* Rechte Seite : *Die furchterregenden messerscharfen Heckflossen des „300-F" im Profil gesehen.*

Chrysler

De Soto

Wer kennt heute noch die Marke De Soto?
Wem sagt dieser Name lateinischen Ursprungs noch etwas, der ein paar hundert Jahre in die Vergangenheit zurückreicht, in der er durch einen spanischen Eroberer bekannt wurde? Ich nehme an, daß die Antwort auf diese Frage ausbleiben würde oder zumindest unvollständig wäre. Das ist erklärlich, denn diese rein amerikanische Marke war nie nach Europa exportiert worden und existiert seit 1961 nicht mehr.
Walter Chrysler bringt 1928 den ersten De Soto auf den Markt, der einen Platz zwischen den Dodge- und Plymouth-Modellen einnehmen soll. Die Marke wird schnell populär. Die De Soto sind schlichte, unkomplizierte Fahrzeuge, rustikal würden wir heute sagen, und die Kundschaft weiß ihre Zuverlässigkeit und ihren niedrigen Preis zu schätzen. So haben die Modelle der Marke bald den Ruf von soliden, sicheren Mittelklassefahrzeugen.
Das bekannteste Modell, das direkt nach Kriegsende entsteht, ist eine große Limousine mit einer Frontpartie, deren Entwurf schon seit Jahren auf den Zeichentischen gelegen hatte. In der Tat hatte Buzz Grisinger, der damalige Chefzeichner von Chrysler, während des Krieges einen ziemlich ungewöhnlichen Entwurf für einen „Dream-Car“ ausgearbeitet, auf dem nur harmonisch runde Linien zu sehen sind. Die abgerundeten Fenster fügen sich in einen eleganten Dachaufbau ein, und der zierliche Kühler weist ein Gitter auf, das aussieht wie Zähne (teeth). Die Scheinwerfer sind, wie bei den „Cord“-Vorkriegsmodellen, Bestandteil der Karosserie.
Leider konnte das Projekt nicht verwirklicht werden, aber die 1942 herausgebrachte Limousine zeigt das Kühlergitter mit dem Zähnemuster, obwohl der Kühler höher ist und integrierte Scheinwerfer aufweist. Obgleich dieses Modell damals großen Erfolg hatte, gibt es heute sogar in den Staaten nur noch wenig Fahrzeuge dieses Typs.
Kurz nach Kriegsende erscheint ein ähnliches Fahrzeug auf dem Markt, das aber im Produktionsverlauf seine versenkbaren Scheinwerfer verloren hat, die sich bei der Herstellung als zu teuer erwiesen haben. Dieses Modell, das sich sehr schnell allgemeiner Beliebtheit erfreut, wird von 1946 bis 1949 gebaut und zeichnet sich durch seine besonders große Widerstandsfähigkeit aus.
Es handelt sich um den De Soto S II „Custom“, dessen Gesamtbild von einem etwas schwerfälligen Unterbau mit großen, glatten Flächen, wie man sie bei den Automobilen der dreißiger Jahre findet, und einer verhältnismäßig kleinen Fensterfläche beherrscht wird. Der Clou von Ganzen ist der Kühler : Er sieht wie ein überdimensionales, weit geöffnetes Maul mit bedrohlich gefletschten Zähnen aus, wie bei Raubkatzen in Zeichentrickfilmen; hier allerdings ungefährlich, Gott sei Dank! Ein besonderes Kunstwerk, das täglich mit Sorgfalt gepflegt und blitzsauber geputzt werden muß. Wenn man den S II Custom von allen Seiten begutachtet, findet man natürlich noch die vom Fahrzeugrumpf abgesetzten Kotflügel — schön und effektvoll! Stoßstangen nach der letzten Mode, solide wie Panzerschranktüren.
Apropos Türen : Der „Custom“ hat eine Hecktür, was das Ein- und Austeigen erleichtert. Eine weitere bemerkenswerte Tatsache ist das Fehlen der Chromteile, außer beim Kühler, sowie die agressiven Auswüchse im Heck, die fünfzehn Jahre später zum Untergang der Marke beitragen.
Unter der Haube stößt man auf einen nicht gerade modernen Motorblock aus Gußeisen. Dieses Triebwerk mit seitlicher Ventilsteuerung hat einen Gesamthubraum von 3,8 Litern; mit seinen beiden Dreizylinderreihen bringt dieser V6-Motor bei 3 600 Umdrehungen immerhin 109 PS zustande. Das ist nicht enorm, wobei aber nicht vergessen werden darf, daß es bei den amerikanischen Mobilen dieser Epoche — zumindest in der Mittelklasse — keine elektrischen Details gab und daß das Gesamtgewicht nur 1 700 kg betrug. Das günstigste Drehmoment liegt bei 22,4 m/kg und das Verdichtungsverhältnis bei 6,6:1. Der Vergaser ist ein schlichter Einzelvergaser der Marke Carter, und zur Kühlung stehen 16 Liter Flüssigkeit zur Verfügung. Das bedeutet, daß die überlebenden Exemplare auch in der heutigen Verkehrsdichte keine Kühlprobleme haben. Hinsichtlich der Kraftübertragung kann schlecht von Unkompliziertheit gesprochen werden, denn zwei der vier Getrie-

Der De Soto „Suburban", eine Limousine mit langem Radstand (3,54 m) und einem 4,1 Liter-Motor aus dem Jahr 1951.

begänge werden von Hand eingelegt, die beiden anderen sind automatisch. Es handelt sich um die famose „Fluid Drive"-Halbautomatik, auf die Chrysler nun mal schwört. Diese Kraftübertragung ist das modernste Teil des technischen Aufbaus, denn ansonsten gibt es für das Fahrwerk vier Trommelbremsen ohne Bremskraftverstärker, Schraubenfedern für die Vorderachse und Halbellipticfedern für die hintere Starrachse. Außerdem ist ein Querstabilisator vorhanden.

Das Glanzstück des Innenraums ist das Instrumentenbrett — weniger prunkvoll und schön als das der Spitzenmodelle von Chrysler, aber sehr komplett. Es enthält Drehzahlmesser, Benzinuhr, Öldruckmesser, Voltmeter und eine Kontrolleuchte für die Kühlwassertemperatur. Wie es sich gehört, nimmt der Drehzahlmesser — je nach Geschwindigkeit — eine andere Farbe an. Auch das Radio ist ein Meisterwerk. Es ist ganz verchromt und hat Programm-Speichertasten und eine Farbsäule, die auch hier — je nach Programmwahl — die Farbe wechselt. Für einen sogenannten Mittelklassewagen ist das alles gar nicht so schlecht!

Die Leistungen dieses Fahrzeugs, das seiner Konzeption nach mehr in die „fourties" als in die „fifties" gehört, sind durchaus zufriedenstellend. Die Höchstgeschwindigkeit liegt bei 150 km/h und wird schnell erreicht. Trotz seines relativ schwerfälligen Unterbaus ist sein Anzugsvermögen akzeptabel und die Beschleunigungswerte liegen beim guten Durchschnitt. Obwohl die Lenkung sehr indirekt untersetzt ist, bleibt sie noch präzise, ein Qualitätsfaktor, den die Modelle der Marke im Lauf der Jahre verloren haben. Wirklich verbesserungsbedürftig sind die Bremsen. Sie sind von zweifelhafter Wirksamkeit und müssen zu häufig nachgestellt werden.

Außer dem „Custom" bringt De Soto in den Vierzigern den „Suburban" heraus, eine Limousine, die nicht als Familienversion, sondern als Taxi gedacht ist.

Anfang der fünfziger Jahre erzielt die Chrysler Corporation dank ihrer Mittelklassefahrzeuge wie Dodge oder De Soto höhere Verkaufsziffern als der Gigant Ford. Allerdings sind diese Modelle nicht sonderlich attraktiv. Ob „Sportsman" oder „De Luxe", alle werden weiter von dem alten Sechszylinder-Reihenmotor angetrieben, der mühsame 120 PS leistet. Wer auf Neuerungen hofft, muß sich bis 1952 gedulden. Da erscheint das Modell „Firedome", das mit einem kleinen V 8 ausgestattet ist, der mit einem Hubraum von 4,5 Litern bei 4 000/min 160 PS leistet. Außerdem hat das Fahrzeug eine Bremsunterstützung. Im nächsten Jahr wird die ganze Modellreihe neu eingekleidet und erhält den berühmten „Teeth"-Kühler. Die Modelle der neuen Serie erhalten Namen wie „Powermaster" oder „Powerflite"; der

Eine De Soto Limousine von 1947. Oben : *Blick auf das sehr gepflegte, sehr komplette Instrumentenbrett.* Unten : *Die hinteren Türen öffnen sich nach vorne und bieten so mehr Platz zum Ein- und Aussteigen. Der Motor ist ein Sechszylinder, der eine Höchstgeschwindigkeit von 145 km/h erreicht.* Rechte Seite : *Der Kühler mit dem „rainfall" genannten Muster; darüber der Schriftzug „De Soto" und „Fluid Drive", der Name des halbautomatischen Getriebes.*

De Soto

De Soto
FLUID DRIVE
75

Kühlergrill im „Teeth“-Stil (Zähne). Ein De Soto aus dem Jahr 1954. Dieses Modell wird durch einen 170 PS leistenden V8 angetrieben.

V 8 wird um 10 PS verstärkt und das Getriebe wird mit einem Overdrive angeboten.

Bei all diesen technischen Neuheiten gewollt bescheidenen Ausmaßes — das Direktorium der Chrysler-Gruppe hat nicht die Absicht, alljährlich seine Modellreihen durcheinander zu bringen — fällt einem bei genauerem Hinsehen auf, daß es mit den stilistischen Modifikationen nicht allzuweit her ist. Es gibt zwar Detailänderungen, aber die De Soto-Modelle bleiben von der Mode der „fins“ zum Beispiel, der Heckflossen, völlig unberührt. 1955 wird die Karosserie der verschiedenen Modelle wieder überarbeitet, und diesmal sind auf den hinteren Kotflügeln kleine Auswüchse zu sehen, wenig bemerkenswerte Stilelemente, die aber im nächsten Jahr — 1956 — überraschende Proportionen annehmen. Wieder ändert sich das Erscheinungsbild der Fahrzeuge, und zwar so beträchtlich, daß die De Soto, die bisher eher einfallslos und leicht vernachlässigt aussahen, plötzlich imposante, monumentale Erscheinungen werden, deren Heckprofile in gigantischen, gefährlich spitzen Flossen und drei herausragenden Heckleuchten enden. Zu den beiden bekannten Modellen „Firedome“ mit 230 PS bei 4 400/min und dem „Fireflite“, obere Mittelklasse mit 255 PS bei 4 400/min, gesellt sich das Coupé „Adventurer“.

Warum dieser völlig neue Stil?

Der „Adventurer“ steht in der Modellreihe völlig abseits. Er erhält einen großen V 8 mit einem Hubraum von 5,6 Litern, der bei 5 200/min 320 PS leistet. Tatsächlich stellt das Erscheinen dieses Modells bei Chrysler das zentrale Ereignis dar, das alle bisher gültigen Richtlinien über den Haufen wirft. Die Absicht ist leicht verständlich : Das leicht verblaßte Firmenimage sollte mit einem konkurrenzfähigen und leistungsstarken Modell aufpoliert werden, das es mit dem neuen Chrysler 300-C, von dem bereits gesprochen wurde und dessen Leistungen bekannt sind, aufnehmen konnte.

Im Jahr 1956 spielt De Soto die Rolle eines Eroberers und nicht mehr die eines Nachzüglers mit langweiligen Fahrzeugen, die von langweiligen Motoren angetrieben werden. Der „Adventurer“ ist mit seinen 320 PS das stärkste Modell, natürlich nach dem Chrysler 300-B, der es in diesem Jahr auf 340 oder 350 PS bringt. Nebenbei sei bemerkt, daß der De Soto 1956 als „Pace Car“ — der das Rennen eröffnende Wagen — in Indianapolis gewählt wird.

Allerdings ist es nicht der „Adventurer“ und seine 320 PS, die der Marke einen besseren Marktanteil sichern. Dieses Prestigefahrzeug soll zum Verkauf der weniger glorreichen, dafür aber gewinnbringenderen Modelle beitragen. 1957 entschließt sich De Soto, ein neues Basismodell auf den Markt zu bringen, den „Firesweep“, und die beiden Spitzenfahrzeuge „Firedome“ und „Fireflite“ mit der gleichen Karosserie zu versehen. Gleichzeitig erscheinen die Doppelscheinwerfer auf den Prestigefahrzeugen, mit denen 1958 alle Modelle serienmäßig ausgestattet werden, abgesehen von einer bestimmten Anzahl, die für Staaten bestimmt sind, welche diese Neuerung ablehnen. Immer noch im gleichen Jahr, 1957, stellt De Soto, die ihr 29-jähriges Bestehen feiert, die Produktion ihrer alten Motortypen ein und bietet drei neue V8 mit einem Hubraum von jeweils 5,32, 5,49 und 5,65 Litern an, die zwischen 245 und 345 PS leisten. Die höchste Leistung mit 345 PS liefert der Motor des „Adventurer".

Bei diesem Überangebot von neuen Modellen, Motoren, Zusatzangeboten und jährlich neu entworfenen Karosserien gerät die amerikanische Automobilindustrie in Atemnot. Das Jahr 1958 ist ein Krisenjahr für die Konstrukteure, große wie weniger große, deren Produktionsziffern schlagartig zurückgehen. Selbst die Riesenfirmen mit soliden Garantien bleiben nicht verschont. De Soto, finanziell von Chrysler unabhängig, fehlt es an den nötigen Mitteln, um sein Verteilernetz auszudehnen und seine Modelle zu verbessern.

Dieser Mangel macht sich noch im gleichen Jahr bemerkbar: Die Silhouette der De Soto bleibt unverändert, was einen guten Teil der Kundschaft vom Kauf abhält. Einige Details wie Stoßtangen und Flankendekorationen waren modifiziert worden; aber nicht genügend, um zum Kauf anzuregen. Das hat in dem schicksalsschweren Jahr 1958, in dem die bis dahin gutgehende Firma ihr 30-jähriges Bestehen feiert, katastrophale Folgen. Es werden 55 000 Fahrzeuge weniger als im Vorjahr verkauft, trotz der sechzehn verschiedenen Versionen der Baureihe und trotz der immer stärkeren V8-Motoren und des „Adventurer" mit seinen 355 PS unter der Haube. Leider bestätigt sich diese Abwärtstendenz auch im nächsten Jahr.

Ohne Investitionsmöglichkeiten sind die gewaltigen, 1956 erschienenen Modelle der Marke mit ihren langen Heckflossen und den herausragenden roten Heckleuchten nur noch Schatten ihrer selbst. Die Stilisten haben zwar versucht, Änderungen anzubringen, aber ohne die nötigen Mittel. Das Gesamtbild ist das gleiche geblieben und das Publikum verlangt Neues.

1960 macht die Firma die letzte Anstrengung, bevor es zu Ende geht, das Werk geschlossen wird und der Name von der Bildfläche verschwindet. Der Unterbau ist völlig neu entworfen worden, allerdings beweisen die Stilisten dabei weder eine glückliche Hand noch guten Geschmack: Die Silhouette wirkt veraltet mit einem zu massigen Kühler und zu großen Heckflossen, die auf halber Höhe der Türen ansetzen. Mit dem Verlust ihres Prestiges und dem Vertrauen der Kunden, und nachdem auch der letze Versuch fehlgeschlagen ist, streckt die Firma Anfang der „sixties" endgültig die Waffen : 33 Jahre nach Eröffnung ihres ersten Werks.

In dieser Firmengeschichte gibt es zwei Fahrzeuge, an die man sich erinnern sollte: An den „Dream Car", von Buzz Grisinger entworfen, der als Basismodell für die gesamte, zwischen 1942 und 1948 gebaute Serie diente; und an den „Adventurer".

„Fireflite", eine Limousine von De Soto, Baujahr 1955, die mit einem 200 PS leistenden Motor ausgestattet ist. Die Version „Firedome" bringt es nur auf 185 PS.
Nächste Seite : *Dieser „Firedome Sportsman" mit vier Türen und einem Dach ohne Mittelstrebe stammt aus dem Jahr 1959. Jeweils drei senkrecht angebrachte Heckleuchten ragen unter den spitzen Heckflossen hervor.*

Dodge

Dodge — ein Name der gut klingt, bei dem man an „Wilden Westen“ und grenzenlose Weiten, Staub und trockenes Steppengras denkt. Die Brüder Dodge, John und Horace, lebten in der „guten alten Zeit“, d.h. um die Jahrhundertwende. Sie sahen das Zeitalter des Automobils voraus und machten sich daran, Motoren, Getriebe und Hinterachsgetriebe zu bauen, und stellten schließlich ihr eigenes, noch sehr bescheidenes Mobil mit vier Zylindern her. Aber die Geschichte lehrt uns, daß es das Schicksal nicht gut mit ihnen meinte : Beide verunglückten tödlich bei einem Autounfall in den zwanziger Jahren.
Im Jahr 1925 wird die Fabrik der Brüder Dodge für die Summe von 146 Millionen Dollar verkauft.
Und 1928 erwirbt die Chrysler Corporation alles für 220 Millionen Dollar. Alles, das heißt ein Fabrikgebäude, die Produktionsanlagen, eine Gießerei und den Firmennamen.
Und was ist das Besondere an den Dodge-Modellen der „fifties“?
Sie haben eigentlich gar nichts Besonderes, es sei denn daß sie Namen tragen wie „Wayfarer“, „Meadowbrook“ und „Coronet“. Es sind Mittelklassefahrzeuge, die von mittelmäßigen Motoren angetrieben werden. Damit erfüllen sie jedoch einwandfrei ihren Zweck, der darin besteht, ein paar Jahre nach dem Krieg etwa 350 000 Amerikaner zum Kauf zu bewegen.
Zwei wichtige Ereignisse entreißen diese Fahrzeuge ihrer Anonymität und machen sie, wenn auch nicht zu neiderweckenden Vorbildern so doch zu interessanten Vergleichsobjekten. Zwei Dinge ereignen sich also im Jahr 1953 : Das erste bezieht sich auf die Technik. Bisher hatte es die Firmenleitung vorgezogen, ihre Serienmodelle mit dem Sechszylinder auszustatten und ihren eigenen, 1951 entwickelten V8 mit den halbkugelförmigen Brennräumen den Spitzenmodellen vorzubehalten.
Im Gegensatz zum 5,4 Liter großen V8 von Chrysler, handelt es sich beim firmeneigenen Dodge-Motor um einen V8 in Kleinformat mit einem Gesamthubraum von 3,9 Litern, der den Namen „Red Ram“ erhält (der Name „Ram“ ist heute noch bei den Dodgemodellen zu finden). Bei dem relativ kleinen Hubraum entfaltet der V8 immerhin 140 Pferdestärken bei 4 400/min. Er steht für alle Modelle wahlweise zur Verfügung. Und der Beweis, daß ein wirklicher Bedarf nach einem kleinen V8 bestand? 1953 werden fast 60 % aller Fahrzeuge mit diesem Motor verkauft, der nach den Aussagen der Interessenten ein wahres Wunderwerk zu sein scheint.
Und die Qualitäten dieses V8 mit halbkugeligen Brennräumen? Vor allem große Laufkultur, und gute Wirtschaftlichkeit. Allerdings ist dieser Motor teuer in der Herstellung, weshalb er mehrfach durch klassische, schwerere aber billigere Motoren ersetzt wird. Dieser V8 ist also das erste Ereignis des Jahres 1953.
Das zweite betrifft den Stil.
Bisher stammten die Entwürfe von einer Styling-Abteilung, die einfallslos die jeweiligen Modetendenzen kopierte. 1953 wechselt ein gewisser Virgil Exner von Studebaker zu Dodge über, wo er den Posten eines Chefstilisten bekleidet. Von diesem Moment an ändern sich die Dinge bei Dodge- nicht mit einem Schlag, denn bis 1954 sind noch Fahrzeuge des alten Stils zu sehen.
Aber von 1955 an bemerkt man die ersten Anzeichen von Heckflossen, die sich 1956 und vor allem 1957 zu eindrucksvollen, überdimensionalen Stilelementen auswachsen.
1954 gibt es allerdings noch eine andere Neuerung : Zu den drei Basismodellen der Baureihe gesellt sich ein Luxusmodell, der „Royal“. Im gleichen Jahr erscheint eine speziell für das Indianapolis-Rennen entwickelte, offene Version, ein „Pace Car“, von der 7919 Exemplare gebaut werden. 1955 erscheint der „Custom Royal Sedan“, der für 2 470 Dollar zu haben ist, und der „Custom Royal Lancer Hardtop“ zu einem Preis von 2 540 Dollar.
1956 wird der V8 verbessert; für alle Modelle der Baureihe steht jetzt der stärkere D-500 zur Wahl. Er hat einen Hubraum von 5,2 Litern und leistet bei 4 600 Umdrehungen 260 PS. Dabei handelt es sich natürlich um eine Antwort auf die Vielfalt der sportlichen Fahrzeuge, die seit dem Erscheinen der Corvette von Chevrolet im Jahr 1953 gebaut werden. Seit 1953 bietet jeder Hersteller seinen Kunden neben den gängigen Fahrzeugen ein sportliches Modell an, oder zumindest ein mit einem sportlichen Motor

Detail im Heck eines „Royal Lancer", ein Dodge-Modell Baujahr 1955.

ausgestattetes Serienfahrzeug. Manchmal werden kleinere Modifikationen zur Verbesserung der Straßenlage oder der Leistung vorgenommen, aber das bleibt die Ausnahme. 1957 wird bei Dodge nur ein verstärkter Querstabilisator wahlweise als Ergänzung zur Leistungssteigerung angeboten.
Im gleichen Jahr erreicht auch das neue Styling Virgil Exners seinen Höhepunkt : Eine imposante, originelle Frontpartie und schlichte, strenge Linien der hinteren Kotflügel und des Hecks; ein Eindruck, der noch durch die Zweitonlackierung der Flanken unterstrichen wird. Wie alle anderen Konstrukteure bleibt auch Dodge von der Industrie- und Wirtschaftskrise des Jahres 1958 nicht verschont, seine Produktionsziffern fallen beinahe um die Hälfte. Aber im Gegensatz zu DeSoto gelingt es Dodge, dank der rassigen Linien seiner Modelle der Jahre 1959 und 1960, wieder Boden unter die Füße zu bekommen.

Der „Royal Lancer“ 1955 von vorn und von der Seite gesehen. Der Kühlergrill ist zweiteilig. Die heftigen Farbkontraste haben keinen sehr günstigen optischen Effekt. Oben rechts : *Man beachte den Schalthebel für das Automatikgetriebe; nur in diesem Jahr sieht er so aus.*

OIL
TEMP

CALIFORNIA
117 VCI

Imperial

Für Chrysler bedeutet das Jahr 1950 das Ende seines Achtzylinder-Reihenmotors, der durch den phantastischen V8 mit halbkugelförmigen Brennräumen ersetzt wird. Dieser Motor wird 1951 serienmäßig in den „Crown Imperial" mit der Typenbezeichnung C54 eingebaut. Es handelt sich um eine große Limousine mit streng klassischen Formen und einer geteilten Windschutzscheibe. Der wuchtige, verchromte Kühlergrill harmonisiert mit dem etwas schwerfälligen Fahrzeug und den gestreckten Linien der Motorhaube und der Kotflügel. Die Kotflügel im Heck sind noch nicht in den Fahrzeugrumpf integriert. In den Jahren zwischen 1950 und 1954 vergrößert sich das Heckfenster und die hinteren Dachpfosten deuten eine Biegung nach vorne an und liegen so parallel zu den vorderen Dachstreben. Dieses Stilelement wird von zahlreichen Konstrukteuren kopiert, die auf diese Weise ihren Käufern eine freiere Sicht nach hinten bieten. Gleichzeitig entsteht eine Version mit langem Radstand. Das Markensymbol vorne auf der Motorhaube ist ein V mit einer Kaiserkrone. Darüber befindet sich ein stilisierter Adlerkopf, der 1953 Schwingen erhält. Werfen wir also einen kurzen Blick in die Vergangenheit, um besser die Gegenwart verstehen zu können.

Im Jahr 1926 gesellt sich der große Imperial, „The Big Imperial", sur Chrysler-Gruppe, nimmt dabei gleichzeitig den Stil und die Silhouette der Chryslermodelle an und erhält bis 1931 den Sechszylinder-Reihenmotor, ein antikes und schwerfälliges Monstrum, das 1931 durch einen „big straight eight" ersetzt wird und mit einem Vierganggetriebe 125 PS entfaltet.

Im Jahr 1955 macht sich die Firma selbständig. Sie baut auch weiterhin Luxusfahrzeuge, bedient sich aber dazu der Forschungsbüros, der Produktionsanlagen und der sonstigen Einrichtungen der Chrysler-Gruppe.

Bei dieser Trennung spielte die Notwendigkeit eine Rolle, ein Prestigefahrzeug durch ein anderes Etikett von der Masse der übrigen Serienproduktion zu trennen. Wenn der Imperial sein Markenimage wahren wollte, mußte er eine unabhängige Marke werden, ohne sich damit zu begnügen, als fünftes oder sechstes Modell — und sei es noch so perfekt — einer Gruppe aufzutreten, die Fahrzeuge in großer Serie baut.

Seit 1955 agiert die Marke also unter eigenem Namen und kann mit den Chrysler-Anlagen eine Luxuskarriere neben den anderen prestigereichen Namen wie Cadillac, Lincoln und Pakkard beginnen. 1955 wird die Karosserie des Imperial überarbeitet. Der zweiteilige Kühlergrill ist eine elegantes Stilelement aus Chrom, das mit einer schlichten Stoßstange eine Einheit bildet. Die hinteren Kotflügel werden endlich in den Fahrzeugrumpf integriert. Da man bei Imperial nicht auch noch der allgegenwärtigen Mode der Heckflossen huldigen will, umgeht man das Problem, indem man mit auf den Kotflügeln aufsitzenden roten Heckleuchten seinen Tribut an den Modegeschmack entrichtet. So bleiben die klaren Linien erhalten und man kann sich eine kleine Konzession an die Mode erlauben. Der Imperial mit dem kurzen Radstand (1,30 m) wird als Version mit vier Türen und als Coupé mit Hardtop angeboten. Der „Crown Imperial" ist das große Modell mit langem Radstand (149,5 m). Beide erhalten den 5,4 Liter Motor, der bei 4 600/min. 250 PS leistet.

1956 bleiben die Linien praktisch unverändert. Dafür wird der Motor verbessert, der mit einem neuen Hubraum von 5,8 Litern jetzt bei gleicher Drehzahl 280 PS entwickelt. Das Modell mit dem kurzen Radstand kostet 4 800 Dollar, für das große Modell müssen 7 700 Dollar bezahlt werden.

Als Hersteller großer Luxuslimousinen steht Cadillac — noch vor Lincoln — an erster Stelle. Imperial steht nur an dritter Stelle. Virgil Exner will diese Position mit einem neuen, modernen Karosserieentwurf verbessern. Modern sind im Jahr 1957 gerade, flache Kühlergitter, die aber durch direkt darunter liegende, wuchtige Stoßstangen schwerfällig und massig wirken. Modern sind auch die deutlich über das Kofferraumprofil hinausragenden Heckflossen, die ihren stilistischen Höhepunkt noch nicht erreicht haben. Nach diesen Gesichtspunkten wird die Karosserie des Imperial überarbeitet.

Die neue Karosserie zeichnet sich durch eine riesige, konvexe Windschutzscheibe aus, durch ebenfalls konvexe Seitenfen-

ster sowie breite, miteinander verbundene hintere Dachpfosten, die optisch durch eine Zweitonlackierung unterstrichen, den Eindruck eines Cabrio-Überrollbügels machen. Das Ganze ist einwandfrei ausgeführt und von bestechender Originalität. Die Heckflossen, die inzwischen bei vielen Modellen eine Form von bedrohlich aussehenden Kampfsäbeln angenommen haben, sind auch hier als Tribut an die Mode vorhanden, aber diskret genug, um die anspruchsvolle Elitekundschaft nicht zu schockieren. Die Heckleuchten, die vor gar nicht langer Zeit noch auf den Kotflügeln saßen, sind nun in den Spitzen der Heckflossen integriert.
Was den technischen Aufbau betrifft, so sind alle Modelle mit dem inzwischen klassischen „Torque Flite"-Automatikgetriebe ausgestattet. Auch der Motor ist der gleiche bei allen Modellen der Baureihe, allerdings kann er einen Leistungszuwachs verzeichnen. Sein Hubraum beträgt jetzt 6,4 Liter, mit denen er bei 4 600/min. 325 PS leistet. Um eine Idee von den Preisen zu geben : Das Imperial Cabriolet kostet 5 598 Dollar, während die Limousine „Le Baron", die sich durch eine besonders sorgfältige Ausführung und zahllose Details auszeichnet, das billigere Modell ist und für nur 4 743 Dollar erstanden werden kann. Dieser Unterschied liegt am Typ der Karosserie; Cabrios sind zu diesem Zeitpunkt besonders gefragt.
Es sei hier nur nebenbei bemerkt, daß der italienische Karossier Ghia in den Jahren von 1957 bis 1965 die „Crown Imperial"-Limousinen einkleidet. Warum? Dafür gibt es zwei Gründe. Erstens arbeitet dieser europäische Karossier bereits seit Anfang der „fifties" mit der Chrysler Corporation zusammen. 1952 stellte Ghia schon ein sportliches Coupé mit der Typenbezeichnung K 310 nach einem Entwurf von Exner her. Der zweite Grund für diese ausländische Mitarbeit liegt in der Tatsache, daß Chrysler zu diesem Zeitpunkt hinsichtlich des verfügbaren Raumes und der Arbeitskräfte mit dem Bau der für die Marke wichtigeren De Soto und Plymouth voll ausgelastet ist. Deshalb enstehen die großen Limousinen in Italien. 3,3 Millionen Dollar müssen zum Bau dieser Kleinserie investiert werden. Dabei geht der Turiner Karossier vom

Der Imperial „Custom C-64", ein Chrysler-Modell aud dem Jahr 1954. Zum Jahresende 1955 wurde Imperial eine unabhängige Marke.

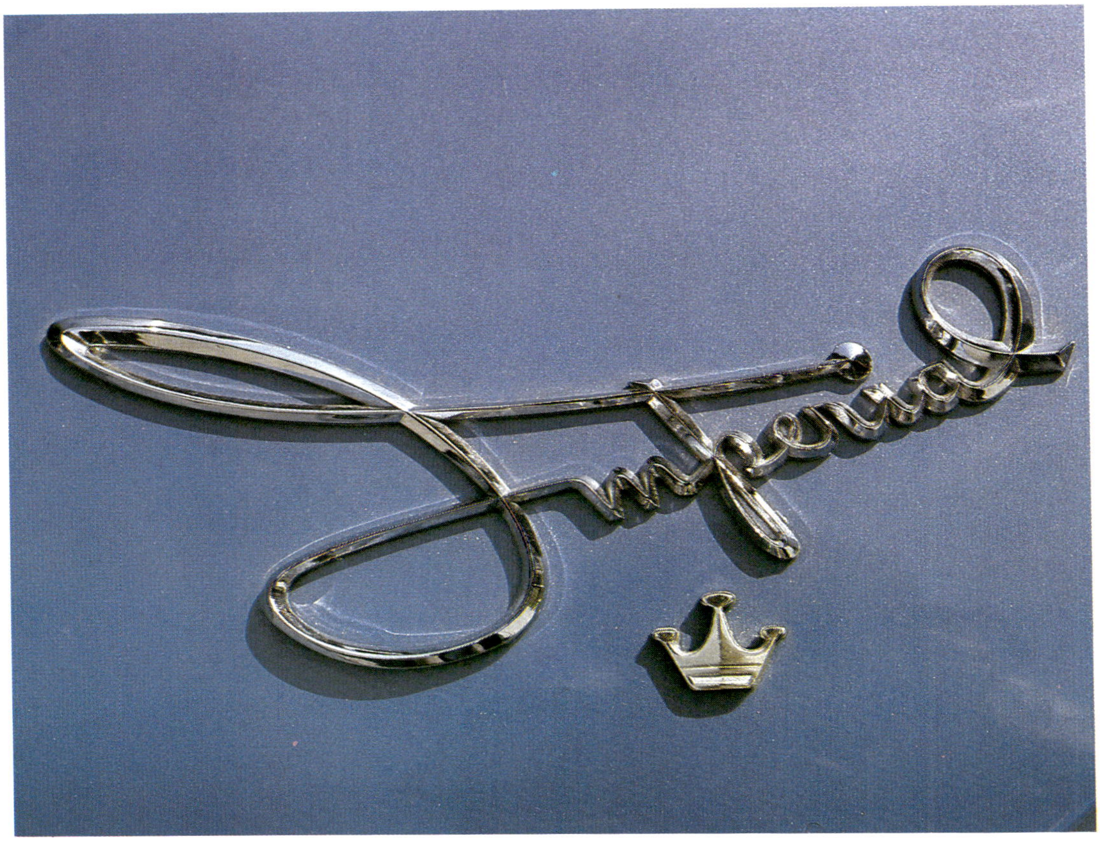

Der Imperial „Southampton“ Baujahr 1957. Die Frontpartie sieht noch gemäßigt aus, aber das Heck trägt alle Merkmale stilistischen Deliriums. Die Stoßtangen sehen aus wie Rammböcke, die Heckflossen tragen Blinkleuchten, die Ähnlichkeit mit chirurgischen Instrumenten haben.

Imperial

Coupé „Imperial“ mit Hardtop und verstärkten Rahmen (wie beim Cabriolet) aus.
Um den gewünschten Radstand zu erreichen, schneidet er anschließend das Fahrzeug in der Mitte durch und verlängert es um 0,52 m. Für alle diese Änderungen im konstruktiven Aufbau werden Zeit und hochqualifizierte Arbeitskräfte gebraucht; das macht das Fahrzeug entsprechend teuer. Obwohl der billigste Imperial nur 4 800 Dollar kostet, steigt der Preis für diese Spezialanfertigungen, von denen jede einzelne einen ganzen Monat Arbeit verlangt, auf 15 000 Dollar.
Und wozu der ganze Aufwand?
Genau betrachtet, zahlt sich das Ganze nicht aus. Wegen seines astronomischen Preises ist der Imperial wenig gefragt. 1957 finden nur 36 Fahrzeuge Abnehmer; 1958 sinkt diese Zahl auf 31, und 1959 werden während des ganzen Jahres nur 7 Exemplare gebaut. Die Zusammenarbeit von Chrysler und Ghia dauert bis 1965. Die Gesamtproduktion des „Crown Imperial“ beläuft sich auf 132 Exemplare.
Für die Imperial mit kurzem Radstand ist 1957 das beste Jahr : 38 000 Fahrzeuge finden Käufer; damit nimmt die Marke den begehrten zweiten Platz direkt hinter Cadillac ein.
Bis 1959 bleibt das Gesamtbild des Imperial im großen und ganzen unverändert. Nur anhand einiger dekorativer Details lassen sich die Jahrgänge feststellen. Wirkliche Neuerungen müssen weiter unten gesucht werden. Der letzte Imperial ist mit einem Luftfederungssystem für die Vorderräder ausgestattet. Das automatische „Torque Flite“ Getriebe ist hinlänglich bekannt, dafür hat der Imperial aber eine „Full Time“ genannte Lenkunterstützung erhalten. Der Motor ist noch größer geworden : Er hat jetzt einen Hubraum von 6,8 Litern und leistet damit seine 350 PS bei 4 600/min. Damit wird diese Limousine, dieses schwere Fahrzeug ein nicht nur schnelles, sondern auch spurtfreudiges Automobil, das nur 19 Sekunden braucht, um von 0 auf 160 km/h zu beschleunigen, was für ein 2,2 Tonnen schweres Mobil allerhand ist. Von den Bremsen sprechen wir in diesem Zusammenhang lieber nicht - bei intensiver Betätigung wäre es gefährlich, sich darauf zu verlassen.
Es wird höchste Zeit, daß ich ein viertüriges Monstrum vorstelle, eine dekadente Schöpfung, die sich Automobil nennt :

Hier kann man das Profil des Imperial Version 1961 bewundern. Auch hier fehlen die mittleren Dachpfosten der viertürigen Limousine. Der Dachabschluß erinnert an den Stil der „Landauer“ der Vorkriegszeit.

Blick auf die Front des Imperial 1961. Der Kühlergrill ist schlicht, die Kotflügel sehen aus wie Flügelstummel.

Den „Crown Imperial" Baujahr 1961. Der, auf den ich in der Nähe von San Diego gestoßen bin, war rot lackiert. Er ist das Eigentum eines respektablen Staatsbürgers, der 45 Jahre zählt und Imperials sammelt. Die rote Farbe hat mir sofort gefallen. Das Fahrzeug ist tadellos wiederhergestellt worden und strahlt in diesem fabrikneueun Zustand einen Hauch von Luxus und großzügigen Platzverhältnissen aus.
Vom Stil gesehen hat der Crown 61 wenig mit seinem Vorgänger aus dem Jahr 57 und dessen relativ schlichter Linienführung gemein. Das Kühlergitter ist denkbar einfach, dagegen hat man sich bei den vier großen Scheinwerfern sichtlich den Kopf zerbrochen. Sie sitzen zu beiden Seiten des Kühlers in einer Art Nischen, die zwischen den Kotflügelenden und der Stoßstange ausgespart scheinen. Die Dachkonstruktion ist wieder klassisch, dafür verleihen die riesigen, gefährlich spitz zulaufenden Heckflossen dem Fahrzeug ein übertriebenes, wenig harmonisches Aussehen. Die Stoßstange im Heck besteht aus zwei merkwürdig geformten Teilen. Beim Motor handelt es sich noch immer um den 350 PS leistenden Block mit einem Hubraum von 6,8 Litern, der bis 1965 zu aller Zufriedenheit seinen Zweck erfüllt. Hier ist also nichts Neues zu melden.
Dagegen hatte man bei der Konzeption des Instrumentenbretts besondere Sorgfalt walten lassen. Ins Auge fällt sofort das Lenkrad, das nicht rund, sondern oben und unten gerade verläuft. Gruppierung und Form der Instrumente zeugen von großer Originalität. Besonders interessant sind die Bedienungselemente zu beiden Seiten des Lenkrads. Links befinden sich die Drucktasten für das automatische Getriebe, rechts die Bedienung für die Scheinwerfer, Scheibenwischer und die übrigen Kontrollen. Abgesehen von dem ästhetisch perfekt gelungenen Cockpit ist es dazu noch ideal zweckmäßig konzipiert: Ohne die Hände vom Lenkrad zu nehmen, kann jede Drucktaste mit den Fingerspitzen bedient werden. Das war für die damalige Zeit eine echte Neuerung, noch lange vor dem 15 Jahre später ähnlich konzipierten Cockpit des CX von Citroën, der — zumindest auf diesem Gebiet — als revolutionär bezeichnet wurde.
In Sachen Automobil haben die Amerikaner schon damals fast alles Erfindbare erfunden!

Der Imperial 1961 in Farbe. Bemerkenswerte Einzelheiten sind die raketenförmigen Heckflossen und die wie in den zwanziger Jahren aufgesetzten, nicht integrierten Scheinwerfer und Heckleuchten. Das Markensymbol ist natürlich ein kaiserlich wirkender Adler.

Imperial

Plymouth

Die beiden Marken Plymouth und De Soto haben viele gemeinsame Merkmale. Beide treten im gleichen Jahr zur Chrysler Corporation über (1928). Dann haben sie in den Augen des Publikums das gleiche Markenimage: Zuverlässige, gut durchdachte und gleichzeitig billige Fahrzeuge. Und was uns besonders interessiert, nämlich die Plymouth der „fifties", so haben auch sie phantastische Auswüchse im Heck und Kühlergitter, so wuchtig wie Eisenplatten.
Ein wesentlicher Unterschied zwischen den beiden Marken : Im Gegensatz zu De Soto nimmt Plymouth mit Leichtigkeit die Hürde des Krisenjahres 1958 und verfolgt zielstrebig und ungestört seine Laufbahn bis in die Gegenwart.
Die Anfänge der fünfziger Jahre zeichnen sich für die Plymouth-Modelle durch die bemerkenswerte Tatsache aus, daß sie serienmäßig immer noch nicht den V8 erhalten, obwohl die Marke zur Chrysler Gruppe gehört, und Chrysler seinen eigenen V8 mit 5,4 Liter Hubraum besitzt. Die Modelle der Marke müssen sich bis 1955 gedulden, um endlich ihrerseits der Glückseligkeit in Form eines kleinen 4,3 Liter-V8 teilhaftig zu werden, der aus seinen 8 Zylindern 157 oder gar 167 PS hervorzaubert. Das ist zwar nichts Überwältigendes, aber besser als nichts, denn was die Karosserien betrifft, so zerbrechen sich die Stilisten von Plymouth seit Kriegsende nicht gerade den Kopf. Man modernisiert ein bißchen, wenn es einem gerade einfällt — immer später als die anderen — und entwirft ab und zu mit einem sichtlichen Mangel an Originalität, als wolle man den mittelmäßigen Charakter der Fahrzeuge noch unterstreichen.
Diese etwas kritikfreudige Einleitung gibt eine Idee vom Image der Plymouth, zumindest bis 1955, denn dann ändert es sich zu seinen Gunsten. Das ist, wie bereits festgestellt, dem neuen Motor zu verdanken, aber auch einem neuen Unterbau, der zwar nicht besonders originell, dafür aber moderner ist als der vorhergehende. Die Gürtellinie liegt niedriger, die Frontpartie ist schlicht und im Heck fehlen die „fins", die man 1954 im Form von lächerlichen, auf den Kotflügeln aufgepfropften, nicht integrierten, verchromten Auswüchsen sehen konnte. Auf dem Instrumentenbrett fehlen die Drucktasten zur Wahl der Getriebegänge, wie sie die Chrysler-Modelle haben. Geschaltet wird mittels eines einfachen Hebels am Instrumentenbrett, der sich nach oben und unten bewegt.
Es ist klar, daß die Jahre 1955 und 1956 noch keine Glanzjahre für Plymouth sind, obwohl sich gerade 1956 eine erfreuliche Entwicklungstendenz abzeichnet. Die Karosserien werden neu entworfen. Die Front erinnert zwar noch an das Profil des Vorjahres, dafür aber erkennt man an der Heckpartie den deutlichen Wunsch, Himmelstrebendes zu schaffen. Das ist der Anfang der Heckflossen, ein deutlicher Anfang, der durch eine dazu passende Flankendekoration unterstrichen wird. So sieht der neue „Fury" aus, der die Baureihe mit dem „Belvedere—, „Savoy" und „Plaza" ergänzen soll. Außerdem ist der „Fury", ein aggressiver Name, der noch lange auf den Plymouth-Katalogen zu finden ist, mit einem neuen 5 Liter-V8 ausgestattet, der in seinen beiden Versionen 240 und 270 PS leistet.
Es lohnt sich, von diesen Neuerungen zu berichten, denn Plymouth ist damit nicht gerade großzügig. Aber die Firma will auch keine Traumautos oder Wettbewerbsfahrzeuge bauen, sondern normale Fahrzeuge, die sich gut verkaufen. Deshalb sind die Preise der Plymouth die niedrigsten aller Marken von Chrysler. Hier ein paar Beispiele, ohne sie mit den teueren, echten Chrysler- oder Imperial-Modellen zu vergleichen : 1950

Nicht sehr schön, aber das interessante Dokument eines Break und einer Limousine von Plymouth, Baujahr 1950, die immer noch wie fabrikneu aussehen.

liegt der Preis für einen De Soto bei 1 996 Dollar, ein Dodge kostet 1 629 Dollar und ein Plymouth 1 386 Dollar. Im Jahr 1955 liegen die Preise dieser drei Modelle jeweils bei 2 498, 2 013 und bei 1 636 Dollar für den Plymouth. Vier Jahre später, 1959 kostet ein De Soto 2 094 Dollar, ein Dodge 2 516 Dollar, während unser bescheidener Plymouth sich mit 2 143 Dollar begnügt.
Beim Plymouth „Belvedere" Baujahr 1958, der grün lackiert auf den nächsten beiden Seiten zu sehen ist, gibt es auch nicht das geringste überflüssige Detail, das oft den Komfort eines Fahrzeugs ausmacht. Die Ausstattung ist nicht einmal zweckmäßig, sondern nur kahl und sparsam. Aber das Fahrzeug ist so perfekt hergestellt, so appetitlich mit seiner Zweitonlackierung in frischen Farben, daß die äußerst sparsame Konzeption nicht auf den ersten Blick sichtbar wird : Zwei Sitzbänke ohne Mittelarmlehne, ein mechanisch und nicht elektrisch verstellbarer Fahrersitz und das famose, kahle Instrumentenbrett, auf dem sich nur die wichtigsten Kontrollen befinden, vor allem die Skalenscheibe des Drehzahlmessers. Außerdem gibt es vier kleinere Anzeigen für den Benzinstand, Batterieladung, Öldruck und Temperatur. Was den technischen Aufbau betrifft, so verfügt der „Belvedere" über Lenk- und Bremshilfen und einen 305 PS leistenden V8-Motor mit einem Hubraum von 5,7 Litern.
Wenn man sich die Modelle der Jahre 1957, 58 und 59 betrachtet, hat man den Eindruck, als wären sich die Stilisten der Marke bewußt gewesen, daß es sich beim Objekt ihrer Bemühungen um mittelmäßige Fahrzeuge handelt und daß sie sich deshalb besonders anstrengten, um hart und aggressiv aussehende, unharmonische Hüllen zu schaffen. Den Kühlergrill des Modells 1957 empfindet man wie einen Kinnhaken mit den Doppelscheinwerfern über einem Gitter, das sich über die ganze Fahrzeugbreite hinzieht (1,98 m) und noch unter die Stoßstange hinunterreicht. Ein wahrer Menschenfressereffekt, ultra-aggressiv! Ähnlich wirkt die Version von 1958, eine Wirkung, die im folgenden Jahr durch ein Kühlergitter mit breiten Lücken zwischen den Streben vielleicht sogar noch verstärkt wird, falls das überhaupt möglich ist. Auch im Heck haben die Stilisten ihrer Phantasie freien auf gelassen...

Schon besser : Der Plymouth „Savoy" von 1957. Seine Heckleuchten sitzen in Heckflossenenden, die steil wie Kirchturmspitzen aufragen. Nächste Seite : *Die Modelle von 1958 sehen sich alle ähnlich. Hier ein „Belvedere", der in seiner ganzen Schlichtheit als wirklich schön bezeichnet werden kann; ein Entwurf von großer Klasse, trotz der Hinterradabdeckungen.*

RANCHO CALIFORNIA
INN

FIFTY 6

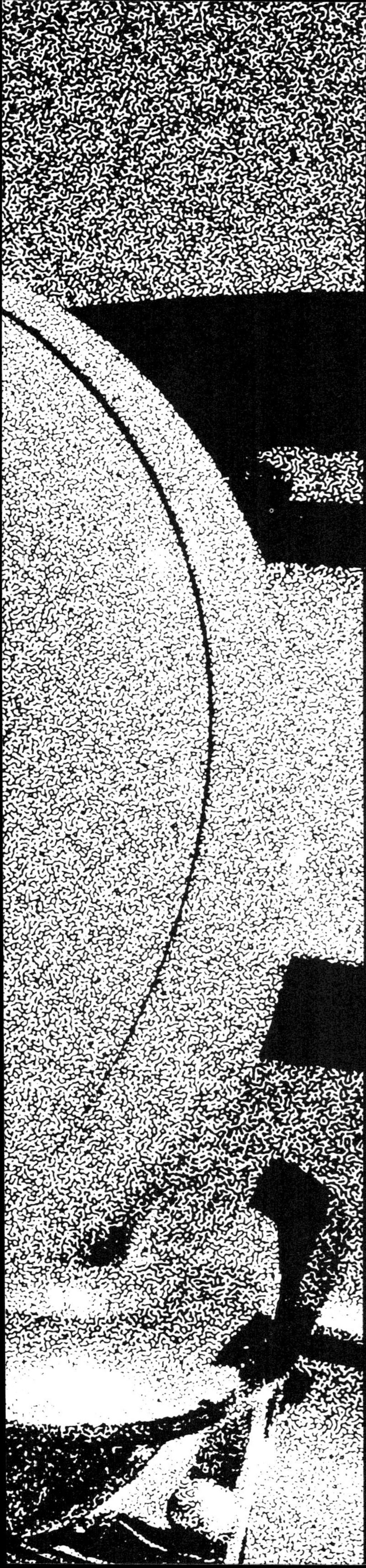

FORD MOTOR CO.

© EDSEL OWNERS CLUB ©
MAR
CALIFORNIA
E FORD

Der Edsel von 1958, das erste Modell der Marke, hat sicher das originellste Kühlermotiv der „fifties". Trotzdem war er ein finanzieller Mißerfolg. Die hinteren Kotflügelspitzen haben mit ihren integrierten Heckleuchten die Form von Möwenschwingen. Oben rechts : *Man beachte die Drucktasten für das Automatikgetriebe in der Lenkradnabe und die waagerecht angebrachte Trommel für den Tacho. Große Klasse!*

Edsel

Edsel

Die Marke Edsel ist ein Fall für sich. Eher ein Unglücksfall in der Geschichte der amerikanischen Automobilindustrie. Chrysler hatte sich mit dem „Airflow“ in ganz Amerika lächerlich gemacht; 1958 ist es Ford, der mit einem Fahrzeug einen Reinfall erlebt, das im Grunde gar nicht so übel aussieht. Mit Edsel erleidet Ford eine Niederlage, die nicht einfach zu erklären ist. Dabei hatte man es mit allen Erklärungen in mündlicher, schriftlicher und sonstiger Form versucht : Der Entwurf sei danebengeraten, der Absatzmarkt für Mittelklassewagen sei saturiert, daß der Edsel im ungünstigen Moment erschienen, und daß das Jahr 1958 überhaupt ein schlechtes Jahr gewesen sei, daß die Fahrzeuge eine schlechte Straßenlage hätten...

Es war soviel gelästert worden, daß die Serie tatsächlich ein kompletter Versager wurde, was sich in Ziffern mit 63 000 im Jahr des Erscheinens verkauften Fahrzeugen ausdrückt, mit 45 000 im Jahr 1959 und nur 3 000 im Jahr 1960. Außerdem lief das Gerücht, daß es sich beim Namen Edsel um einen Irrtum handle (dabei hatte das Team von Ford speziell eine Dichterin mit dem Namen Marianne Moore engagiert, die eine Liste von 6 000 Namen aufgestellt hatte!). Es war sogar behauptet worden — hier spricht der Psychiater, der Doktor Jean Rosenbaum — das Erscheinungsbild des Edsel sei vom rein psychologisch-emotionalen Standpunkt gesehen unschön, weil der hohe Kühler wie ein riesiger, geöffneter Mund aussähe. Ich frage mich, ob dieser puritanische Dummkopf nicht an etwas anderes dachte! Jedenfalls mußten alle Argumente herhalten; kein Wunder, daß der ganze Rummel zu viel war für das arme Fahrzeug. Deshalb stelle ich hier die Frage : Wer kann nach diesen Vorfällen noch Edsel sammeln wollen?

Es gibt natürlich nicht viel Edsel-Sammler. Die meisten Fahrzeuge haben diese Epoche nicht überlebt, und die wenigen bedingungslosen Edsel-Fans stellen nicht soviel Fragen. Für sie ist es einfach ein seltenes Fahrzeug mit einem interessanten Profil; ein Fahrzeug, das nur 9,7 Sekunden braucht, um von 0 auf 60 miles/hour zu beschleunigen, zumindest mit dem stärksten Motor.

Der originellste Edsel ist zweifellos der erste, Baujahr 1958. Allerdings muß er die Sonderausstattung „Teletouch Push Button Transmission Selector“ aufweisen können, denn die Ingenieure wollten um jeden Preis ein einmaliges, in allen Einzelheiten attraktives Fahrzeug schaffen.

Der Edsel 1958 im Profil - der einzige klassische Blickwinkel bei diesem sonst so originellen Modell.

Bei dieser „Teletouch" handelt es sich nur um die Gangwahl des Automatikgetriebes mittels Drucktasten, die sich aber — höchste Raffinesse — in der Lenkradnabe befinden. Eine äußerst merkwürdige Idee, die damals allgemeine Heiterkeit auslöste. Dieses erste Instrumentenbrett war zweifellos „in", zumal es einen Walzen-Tacho aufweist, wie später beim Citroen CX, eine elektrische Antenne und einen ebenfalls elektrisch zu betätigenden Kofferraumdeckel. Dieses Mittelklassefahrzeug ist mit einem Höchstmaß an Gags ausgestattet, die einen größtmöglichen Käuferkreis anziehen sollen.

Außerdem bietet Edsel seiner Kundschaft drei Fahrzeugversionen mit verschiedenen Radständen an. Der Radstand von 3,15 m ist für die Spitzenmodelle vorgesehen, d.h. für den „Corsair" und den „Citation". Der mittlere Radstand von 3,00 m ist bei dem „Pacer" und „Ranger" zu finden, den kürzesten Radstand von 2,95 m haben die Breaks. Das Topmodell ist das Cabriolet „Citation", das außer der umstrittenen Frontpartie, die keineswegs häßlich ist, eher schlichte, gefällige Linien aufweist, im Vergleich zu den Dodge — oder Plymouth-Modellen des gleichen Jahres. Die Heckleuchten haben die Form von Bögen und sitzen über einer schmalen, klassischen Stoßstange — also kein Grund zur Aufregung! Bei den Triebwerken wird auf den Sechszylinder verzichtet — noblesse oblige —, zwei V8-Versionen mit einem Hubraum von jeweils 5,9 und 6,7 Litern leisten 303 und 345 PS.

Trotz dieser Qualität merkt man bei Ford schnell, daß dem Auto kein Erfolg beschieden ist. Daher wird, ohne langes Zögern, 1959 die Produktion des « Pacer », des « Citation » und aller Breaks, außer dem „Villager" eingestellt. Ein 145 PS leistender Sechszylinder wird angeboten, und gleichzeitig tauchen zwei kleinere V8 mit einem Hubraum von jeweils 4,8 Liter (200 PS) und 5,4 Liter (225 PS) auf; das 5,9 Liter-Triebwerk wird weiter angeboten.

Viel Neues also im Jahr 1959, irgendwann muß es ja wieder aufwärts gehen! Aber es hilft alles nichts. Trotz eines neuen Kühlers und eines noch klassischeren Hecks sinken die Produktionsziffern ständig. Das „Teletouch" war natürlich auch mit allen anderen allzu ungewöhnlichen Neuerungen in der Versenkung verschwunden, denn für den Normalfahrer von damals war es undenkbar, die Gänge zu wechseln wie man auf die Hupe drückt!

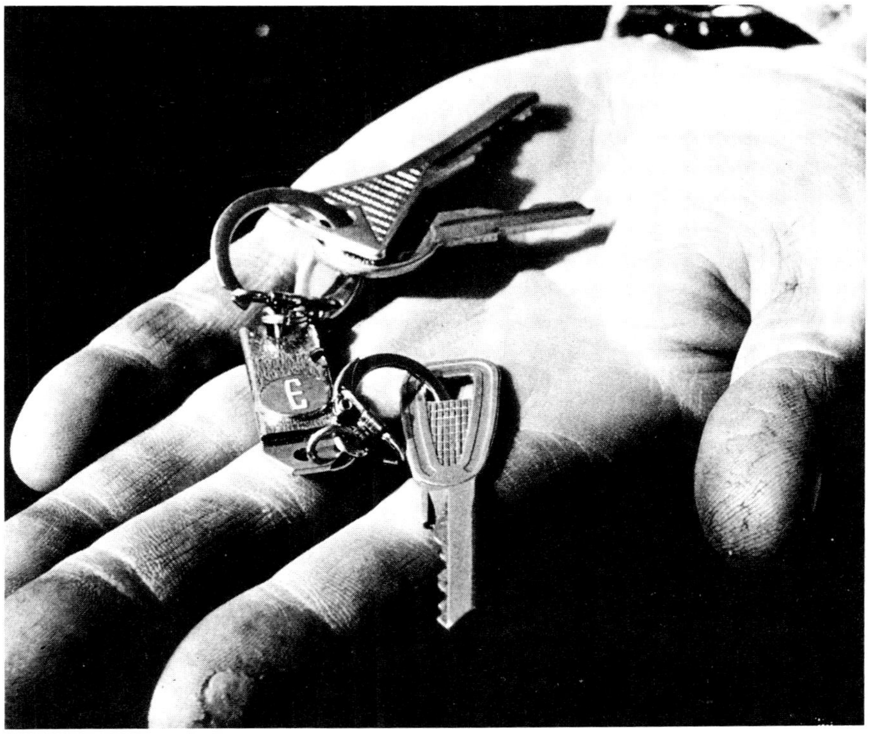

Sogar der Zündschlüssel zeigt das Edsel-Kühlermotiv (nur 1958). Siebenmal taucht es in der Dekoration auf.

1960 fängt genauso unerfreulich an wie das Vorjahr. Das Team von Ford unternimmt einen neuen Versuch, die Lage zu meistern. Der hohe Kühler, Stein des Anstoßes für die Massen, verschwindet zugunsten einer breiten Form, wie bei Pontiac. Die Heckpartie hat Ähnlichkeit mit der des „Fairlane", aber die Heckleuchten stehen hier senkrecht. Der Edsel wird so nüchtern in der Linienführung, daß er seine persönliche Note ganz verliert. Trotzdem gibt es einige Liebhaber, die nichts umstimmen kann und die der Marke treu bleiben. Im Jahr 1960 bleiben nur noch zwei Basismodelle übrig, der zwei-und viertürige „Ranger" und der „Villager" als Break und Cabriolet. Nicht gerade viel! Man fühlt das Ende kommen...

Auch die Motoren folgen dieser langsam auslaufenden Tendenz : Der „big block" mit einem Hubraum von 6,7 Litern ist schon lange von der Bildfläche verschwunden. Übrig bleiben ein 45 PS leistender Sechszylinder-Reihenmotor und die beiden V8 mit einem Hubraum von jeweils 4,8 Litern (185 PS) und 5,8 Litern (300 PS).

Der Ranger kostet 2 635 Dollar, ein vernünftiger Preis. Schade ist nur, daß niemand mehr dieses Fahrzeug will- es reizt nun einmal zum Lachen. Im November 1960 stellt Ford auch die restliche Produktion ein.

CALIFORNIA
LTD 202

Linke Seite : *Edsel, Version 1959. Der Kühlergrill ist überarbeitet worden und sieht etwas konventioneller aus. Die Version 1960,* rechte Seite, *zeigt wieder eine schlichtere Linienführung und erinnert an die „Fairlane"-Modelle. Die Produktion wurde im November 1960 eingestellt.*

Edsel

Ford

Man hatte uns gesagt, daß ein Treffen der „fifties" zwei Stunden von San Franzisko entfernt stattfinden würde.
Man hatte uns auch den Ort gesagt, ein in einem Tannenwald verstecktes abgelegenes Nest, ohne die nötigen Details dazu anzugeben. In Virginia City angekommen, klappern wir alle in Frage kommenden Stellen ab, ohne auch nur die Spur von einem Ford zu entdecken. Die Nachfragen beim Tankwart, in den Hotels und sogar beim Sheriff bleiben erfolglos - auch nicht eine dieser verdammten Ford-Heckflossen will sich zeigen. Dabei ist ein Ford Baujahr 1950 oder 1955 doch auffällig genug, oder etwa nicht?
Und dann stoßen wir durch Zufall auf die langersehnten Mobile und ihre braven Eigner. Sie befinden sich in einem Motel, dessen Seitenteile in U-Form gebaut sind. Daher auch unsere Probleme, denn die Fahrzeuge sind alle in der U-Krümmung vor der Sicht abgeschirmt.
Allerdings stellt sich heraus, daß sich unsere Mühe gelohnt hat. Was für eine Augenfreude! Hier ist aber auch alles vorhanden : Der Alte aus dem Jahr 1948, der Amüsante von 1950 und der ganz Verrückte von 1958. Etwas anderes fällt auf, außer diesen auf Hochglanz polierten Karosserien, in denen sich die Sonne spiegelt : Die Mehrzahl der Ford-Eingentümer ist zwischen zehn und zwanzig Jahre älter als ihr „fifty". Das gibt ein sehr genaues Bild von der Persönlichkeit des Sammlers von Mittelklassefahrzeugen der „fifties". Ein Ford ist keine Rarität, man sieht ihn an allen Straßenecken, und in den Kleinanzeigen wird er zu erschwinglichen Preisen angeboten (ein Cabrio von 1950 kostet immerhin 10 000 Dollar). Das schließt von vornherein alle etwaigen Anwandlungen von Großherrentum aus; es ist unmöglich, mit einem Fordmodell sein Ego aufzupolieren, oder die Massen in Staunen zu versetzen. Man kauft einen bescheidenen Ford oder einen Mercury, weil man davon geträumt hat, als man 12 war, oder weil Vater einen gehabt hat.

Diese Fahrzeuge hier sind wirklich in makellosem Zustand, „immaculate condition". Ein Treffen ähnlicher Fahrzeuge, die aussehen, als seien sie gerade aus der Fabrik gekommen, ist in Europa undenkbar. Die Fahrzeuge hier werden nicht nur äußerlich überarbeitet, sondern sie werden in allen Einzelheiten wiederhergestellt.

Das erste Modell, das mir in die Augen fällt und das ich unter die Lupe nehme, ist ein Cabrio, Baujahr 1948. Ich weiß nicht, ob sich der Leser das Fahrzeug vorstellen kann, jedenfalls hat es nichts Umwerfendes, aber die Maschine ist so makellos, daß mir der Mund offen stehen bleibt. Der Eigentümer ist etwas jünger als die anderen, so um die 45. Ich erfahre, daß er es gebraucht gekauft hat und daß alle wesentlichen stilistischen und technischen Merkmale unverändert geblieben sind. Und da er alles auswendig weiß, erzählt er mir die Geschichte des Autos und der Firma in allen Einzelheiten. 1903 baute Vater Ford seine erste Fabrik. Das zweite wichtige Datum war das Erscheinen des bemerkenswerten Ford T im Jahr 1908, der bis 1927 gebaut und dann durch den Ford A ersetzt wurde. Das dritte markante Ereignis fand 1932 mit der Entwicklung des berühmten V8-Motors statt. Vierter und letzter Höhepunkt der Firmengeschichte vor dem Bau dieses Cabriolets im Jahr 1948, das vor mir steht, waren die 1937 in die Kotflügel integrierten Scheinwerfer.

Das sind nicht sehr viele „outstanding facts" für eine fünfundvierzigjährige Firmengeschichte, aber das ist auch nicht das Wesentliche. Henry Ford will vor allem solide, zuverlässige Fahrzeuge bauen, die für ihre Eigentümer zu Dauerbegleitern werden. Die Fordmodelle sind dementsprechend eher unkompliziert in ihrer Gesamtkonzeption und leicht zu reparieren.

So ist auch das Cabriolet von 1948, das vor mir steht, ein rustikales, schon leicht antikes Exemplar. Es hat noch keine einzeln aufgehängten Räder, weder Brems- noch Lenkunterstützung, nur den V8, der in seiner Version 1948 ganze 5 PS mehr leistet als sein Vorgänger des Jahres 1946 (95 anstelle 90). Von außen sieht das Cabrio etwas engbrüstig aus, schmal mit hohem Unterbau. Der ebenfalls schmale, relativ hohe Kühler, der nur etwa die Hälfte der Fahrzeugbreite einnimmt, verstärkt noch den Eindruck einer gedrungenen, kompakten Silhou-

Ein Ford-Cabriolet aus dem Jahr 1948. Ein nettes, kleines Auto mit vielen Rundungen, das mit einem funktionellen und kompletten Instrumentenbrett ausgestattet ist. Es verfügt über ein mechanisches Dreiganggetriebe.

Ford

Wenn man das Nummernschild dieses Ford sieht, weiß man Bescheid. Dieses Modell, Baujahr 1950, ist eines der schönsten und gefragtesten Sammlerobjekte dieser Epoche, vor allem in der offenen Version. Er kostet heute 10 000 Dollar.
Nächste Seite : *Ein Blick auf die Front und das Profil des besonders eleganten Coupés „Fairlane Crown Victoria", Baujahr 1955.*

Ford

FORD CLUB
CALIFORNIA
662 PVB
Fabulous Fifties

ette. Allerdings täuscht dieser Eindruck, denn im Innenraum finden fünf Personen bequem Platz. Auf dem Instrumentenbrett sieht man zu beiden Seiten des verchromten Lautsprechers je ein großes Zifferblatt, während vier kleine, in Augenhöhe angebrachte, rechteckige Kontrollanzeigen über die Motorfunktionen Auskunft geben.
Dieses Modell ist zum Verständnis der Produktionsgeschichte wichtig, denn im Anschluß daran findet bei Ford ein enormer Umschwung statt, was — wie bereits gesagt — in der Ford'schen Firmengeschichte Seltenheitswert hat. Bei dieser Gelegenheit will ich eine Unterlassungssünde wieder gutmachen und die wichtige Tatsache erwähnen, daß Ford, im Gegensatz zu den anderen Firmen, seinen V8 vor dem erst 1941 erschienenen Sechszylinder entwickelte.
1949 stellt Ford ein ganz neues Modell vor. Seine beiden Versionen nennen sich mit unbestreitbarer Logik „Tudor" (two doors) und „Fordor" (four doors). Obwohl die Windschutzscheibe noch geteilt ist, weist das Modell verschiedene stilistische Neuerungen auf :» Es hat eine Ponton-Karosserie mit integrierten Kotflügeln und einen Kühlergrill, der an eine Flugzeugnase erinnert. Das Flugzeug war damals das große Vorbild der Stilisten, die einzelne Teile wie die Heckflossen und die Flugzeugnase kopierten. Ein paar Jahre später war diese Ähnlichkeit bei den Studebaker-Modellen noch frappierender. Was das Fahrwerk betrifft, so hat der neue Ford eine Vorderachse mit einzeln aufgehängten Rädern und mit Schraubenfedern, hinten eine Starrachse mit Halbelliptikfedern. Die Lenkung war überarbeitet und präziser geworden, während es sich beim Motor um den ehrwürdigen B8 mit seitlicher Ventilsteuerung handelt, der seit 1932 praktisch unverändert geblieben ist. Das Getriebe ist auch hier ein mechanisches Dreigang-Getriebe. Eine Neuheit ist der wahlweise angebotene „Borg-Warner" Overdrive. 1950 finden keine nennenswerten Änderungen statt. Einige kleine Karosseriemodifikationen werden vorgenommen, vor allem aber bringt Ford eine Luxusversion heraus, den „Crestliner".
Auch während der nächsten Jahre gibt es bei Ford keine brutalen stilistischen Umwälzungen, man begnügt sich mit kleinen Retuschen der Karosserielinie und folgt brav der allgemeinen Modetendenz, ohne die Gemüter zu schockieren. Mit dem Modell „Victoria" erscheinen 1951 ein neuer Kühlergrill und ein neuer Dachaufbau. Das Heck bleibt praktisch unverändert, ebenfalls der Motor. Dagegen kommt bei dem „Victoria" erstmals ein „Ford-O-Matic" genanntes Automatikgetriebe zur Anwendung. Für Ford ist das ein Ereignis — das bei den anderen Konstrukteuren schon längst stattgefunden hat, weshalb dieses Ereignis von der Öffentlichkeit zunächst unbemerkt bleibt.
Im Jahr 1953 feiert Ford sein 50-jähriges Bestehen. Logischerweise hatte man sich vorstellen können, daß der große Konstrukteur zu diesem Anlaß etwas ganz Neues in Stil und Technik auf den Markt bringen würde, etwas in jeder Hinsicht Modernes. Irrtum. Henry Ford gehört nicht zu denen, die so leicht ihre Gewohnheiten ändern. Alles bleibt beim Alten, Karosserie, Rahmen und technischer Aufbau. Nur zwei Dinge ändern sich.
Man höre und staune - wahrlich große Entscheidungen waren kalten Blutes getroffen worden : Der Kunde kann als Zusatzausstattung eine Servolenkung vom Typ „Masterguide" wählen, allerdings nur bei Fahrzeugen mit den V8. Eine kleine Revolution fur Ford, die allerdings neben dem, was jetzt kommt, fast in Vergessenheit gerät : Der alte, sehr, sehr alte V8 mit seitlicher Ventilsteuerung, der — ob sich der Leser wohl daran erinnert, es ist schon so lange her — im Jahr 1932 entwickelt worden war, wird von einem V8 mit obenliegender Nockenwelle und hängenden Ventilen abgelöst. Mit dieser Ventilsteuerung ergeben sich plötzlich ganz neue Perspektiven. In der Basisversion leistet er mit einem Hubraum von 4 Litern 130 PS. Er wird 1954 zur gleichen Zeit wie ein neuer Sechszylinder für kleine Börsen angeboten. Leistungsmäßig kann er es mit seinen 115 PS bei einem Hubraum von 3,6 Litern mit dem V8 aufnehmen.
Die neuen Modelle heißen „Crestline Sunliner" und „Crestline Victoria". Dann taucht endlich ein attraktives und originelles Modell auf, das sich „Skyliner" nennt und zum sehr vernünftigen Preis von 2 199 Dollar zu haben ist. Es ist mit dem neuen V8 ausgestattet und hat, gegen einen Aufpreis von 134 Dollar, ein Dach aus Plexiglas. Zu diesem Zeitpunkt, d.h. 1954, bemüht sich auch Ford unter dem Druck einer erbarmungslosen Konkurrenz, seine Modelle attraktiver zu gestalten und bietet seinen Kunden fünf wesentliche Zusatzausstat-

Fairlane „Crown Victoria" Version 1956. Beim Dachaufbau dieses Coupés fehlen die mittleren Dachpfosten und der falsche Überrollbügel ist verschwunden. Sonst unterscheidet es sich wenig von seinem Vorgänger aus dem Vorjahr. Es ist mit dem 225 PS-Motor des T-Bird ausgestattet.

Der Fairline „Skyliner“ von 1958 mit seinem elektrisch zu betätigenden und im Kofferraum versenkbaren Hardtop. Allerdings ist dann kein Platz mehr für Gepäck vorhanden : Man beachte die verschiedenen Phasen beim Verstauen des Hardtops. Nächste Seite : *Ein Detail des gleichen Modells, Baujahr 1959, das sich „Galaxie Skyliner“ nennt.*

Ford

Galaxie

tungen an. Zuerst eine Servolenkung, die 75 % Lenkunterstützung gewährt; dann einen Bremskraftverstärker, welcher die anzuwendende Bremspedalkraft um Zweidrittel reduziert. Das Automatikgetriebe natürlich, elektrische Fensterheber und schließlich ein in vier Richtungen verstellbarer Fahrersitz.
Wir sind tatsächlich nicht mehr in den Dreißigern, in der „guten alten Zeit", in der ein neuer Türgriff zur Identifizierung eines Modells genügte. Im Jahr 1955 stellt Ford eine Modellreihe vor, die nach den damals gültigen Stilkriterien wie ununterbrochene, gestreckte Linien, niedriger Unterbau und diskrete Heckflossen, völlig überarbeitet worden war. Die Kühler sind breit und niedrig, ohne die manchmal übertriebenen, trivialen Formen. Gleichzeitig bietet man in Detroit sechs neue V8-Typen an, die mit verschiedenen Hubräumen und Leistungsstufen jedermanns Geschmack treffen. Auch der Rahmen war in allen Einzelheiten einer Verjüngungskur unterzogen worden. Wesentlich ist die neue Karosserie für den „Fairline Victoria" und vor allem für den jüngsten „Fairline Sunliner". Den Fairline-Modellen war übrigens bei ihrer Entstehung eine

Ein Markensymbol von Ford : Ein Wappen mit drei stilisierten Löwen.

erfreuliche Überraschung zuteil geworden : Sie erhalten den Motor des „T-Bird“ mit dem 4,5 Liter-Hubraum, einem Vierfachvergaser, einem Verdichtungsverhältnis von 8,5:1 und einem Doppelauspuff. So ausgerüstet, entfalten sie eine Höchstleistung von 185 PS.

Um dem Fahrer auch bei intensiver Betätigung des Gaspedals (hammer down) eine möglichst uneingeschränkte Sicht zu gestatten, haben diese Fahrzeuge von nun an eine Panorama-Windschutzscheibe, die seinerzeit zu erregten Diskussionen Anlaß gegeben hatte. Die vergrößerte Glasfläche versprach zwar eine perfekte Sicht, aber die gebogenen Seitenteile hatten einen verzerrenden Effekt und verringerten gleichzeitig die Türöffnung, und damit den Raum zum Einsteigen.

1956 ist ein ruhiges Jahr. Eine Ruhe vor dem Sturm, der sich in den Entwicklungsbüros vorbereitet. Von einigen Details abgesehen, bleibt das Erscheinungsbild unverändert. Nur der „Fairline“ wird überarbeitet. Sein V8 hat nun einen Hubraum von 4,8 Litern, mit dem er 202 PS bei einem Verdichtungsverhältnis von 8,4:1 leistet.

Im Grunde will Ford in diesem Übergangsjahr auf Nummer Sicher gehen. Bremsen und Lenkung waren überarbeitet und die Federung dem Leistungszuwachs angepaßt worden. Das Cabriolet, der „Victoria“ un der „Crown Victoria“ sowie der „Skyliner“ stehen immer noch auf dem Produktionsprogramm; allerdings ist es das letzte Jahr für den „Skyliner“, warum, werden wir gleich sehen. Im Jahr 1956 konnten nur 600 Fahrzeuge verkauft werden, das war zu wenig, und nicht einträglich genug. Außerdem hat Ford eine Überraschung auf Lager in Gestalt eines neuen Modells, des „Fairline Skyliner“ mit versenkbarem Hardtop. Ein besonders attraktives Modell mit dem Namen „Skyliner Galaxie“, dessen Produktion 1959 eingestellt wird.

Der „Fairline“ 1957 zeigt sich mit einer völlig neuen Skyliner-Silhouette. Die Linienführung ist weniger streng, die Scheinwerfer sitzen unter die Karosserie verlängernden Blenden, und die Kotflügel, die in runde Heckleuchten auslaufen, werden von spitzen, in geschwungenen Linien von den Flanken ausgehenden Heckflossen gekrönt. Es muß Ford hoch angerechnet werden, daß er die Heckflossen-Mode ohne allzugroße Extravaganzen mitmacht. Aber der „Fairline Skyliner“ nimmt eine Ausnahmestellung ein mit seinem berühmten Dach, das sich zusammenfaltet, im Kofferraum verschwindet und das Fahrzeug in ein echtes Cabriolet verwandelt. Die elektrische Bedienung geht folgendermaßen vor sich :

1. Auf einen Knopfdruck öffnet sich der Kofferraumdeckel von vorne nach hinten.
2. Das Hardtop erhebt sich auf Gleitscharnieren in die Höhe.
3. Bevor es sich im Kofferraum verstaut, klappt der vordere Teil des Hardtops um.
4. Das Hardtop hat im Kofferraum Platz gefunden und der Deckel schließt sich.

Ein theoretisch sehr praktisches System, zu dem allerdings manches zu sagen ist : Sobald das Hardtop im Kofferraum verschwunden ist, findet darin nicht einmal mehr ein zusammengefaltetes Badetuch Platz. Außerdem ist dieses kunstvolle System, das aus einer Drucklufthebevorrichtung, Schneckenschrauben und kleinen Elektromotoren besteht, sehr empfindlich, und verweigert nach immerhin zwanzigjähriger unermüdlicher Tätigkeit oft seine Dienste. Nicht ohne Grund hat uns der Eigentümer des hier abgebildeten „Skyliner 58“ voller Humor gesagt : „Sie haben Glück, heute funktioniert mal alles“.

Dieses erfindungsreiche Automobil kostet 2942 Dollar mit dem neuen V8, der mit einem Hubraum von 5 Litern 245 PS leistet. Wegen seines komplizierten Faltsystems ist dieses Cabriolet fast so teuer wie der T-Bird (nur 400 Dollar Unterschied). Aber das tut offenbar nichts zur Sache, denn der Skyliner mit Hardtop gefällt. 1957 werden fast 20 000 Exemplare gebaut. 1958 sinkt die Produktionsziffer des „Fairline 500 Skyliner“ auf 14 713 Exemplare, während sein Nachfolger, der „Galaxie Skyliner“ 1959 nur 12 915 Käufer findet. Ein nicht schlechtes Resultat, wenn man bedenkt, daß bei offener Version der Kofferraum ausgefüllt, daher unbenutzbar ist, und bei vollem Gepäckraum das Hardtop mangels Platz nicht versenkt werden kann. Außerdem sieht man sich an diesen Spezialkonstruktionen leicht über. Im Lauf der Jahre läßt das Interesse nach; die Produktion wird zu Beginn der sechziger Jahre eingestellt.

Bis 1964 haben die „Galaxie“-„Fairline“- und „Victoria“-Modelle nur noch ein einziges, gemeinsames Merkmal: Ihre runden Heckleuchten.

Nächste Seite : *Das wundervolle Cabriolet „Fairlane 500“ von 1957, das anläßlich des 50 jährigen Bestehens der Marke einen 245 PS leistenden V8-Motor erhielt.*

CALIFORNIA
S57 FORD

500

Lincoln

Die Produktion von Lincoln fängt 1940 an und endet im Jahr 1948. Während dieser Zeitspanne war die Karosserie mehrmals überarbeitet worden, was dem Fahrzeug nicht unbedingt zum Vorteil gereicht, denn im Laufe der Modifikationen sieht das Modell immer mehr wie ein Bügeleisen aus. Außerdem ist da die Sache mit dem Motor.

Bei seinem Erscheinen im Jahr 1940 wird der „Lincoln Continental" durch einen alten V12 angetrieben, den man auch in das Modell „Lincoln Zephyr" der dreißiger Jahre eingebaut hatte. Es handelte sich dabei um ein Triebwerk, das bei einem Hubraum von 4,8 Litern gerade eben 120 PS leistete. Das Drama dabei war, daß diese Mühle inzwischen völlig veraltet und überholungsbedürftig geworden war. Noch nie vorher war ein in großer Serie gebauter Motor so schlecht konzipiert worden. Dabei fragt man sich, wie die Kundschaft ein derartiges Monstrum überhaupt akzeptieren konnte. Dieser V12 ist hochempfindlich; nicht auf Anhieb, oh nein, aber auf die Dauer wird der Motor heiß, und da der untere Teil des Motorgehäuses schlecht geschmiert ist, laufen die Lager aus, sobald der Motor längere Zeit auf Hochtouren läuft.

Mein Rat ist also : Nicht mit dem ursprünglichen Triebwerk kaufen — eher den ästhetischen V12 durch einen Einzylindermotor ersetzen, das Resultat würde nicht viel anders ausfallen. Am besten wäre, ein späteres Modell abzuwarten, denn 1942 entschließt man sich endlich bei Ford, den Motor den Weg alles Irdischen gehen zu lassen. Er wird durch einen anderen V12 ersetzt, der zwar auch nicht stärker (5 Liter, 130 PS), dafür aber bedeutend zuverlässiger und solider ist.

Dieses Modell, Topmodell der Ford'schen Baureihe, kostet als Coupé oder als Cabriolet 4 474 Dollar im Jahr 1946, 4 746 Dollar in den Jahren 1947 und 1948. Es werden nur wenig Fahrzeuge gebaut : 466 im Jahr 1946, 1 560 im Jahr 1947 und 1 300 im Jahr 1948.

Die „fifties" fangen mit dem „Cosmopolitan" an — ein Modell mit einer runden, kurvenreichen Silhouette, eine Mode bei Ford, die auch bei den Mercury-Versionen zu finden ist (wir werden noch sehen, warum).

Anfang der „fifties" sind die Triebwerke, trotz der vorgenommenen Verbesserungen, immer noch recht schwächlich, und die armen „Lincoln" schleppen sich mühsam von einem Berg zum anderen. Selbst zünftige Namen wie „Sport Sedan", „Cosmopolitan Sport Sedan" oder „Cosmopolitan Capri" können nichts an dieser Tatsache ändern. Ihre runden Formen sind ein treues Spiegelbild ihrer Triebwerke : Zahm und lahm. Gott sei Dank bringt das Jahr 1952 die notwendigen stilistischen und technischen Änderungen. Schluß mit den langweiligen Kurven und dem lahmen Triebwerk! Ford hat einen völlig neuen V8 entworfen, mit einem Hubraum von 5,2 Litern und einer Leistung von 160 PS (205 PS im Jahr 1953). Eine im Vergleich zu den Rivalen Cadillac und Chrysler durchaus konkurrenzfähige Leistung.

Diese Ziffern sollen zeigen, daß Ford, der Ende der „fourties" etwas ins Hintertreffen geraten war, wieder seinen Platz behauptet. Diesmal ist der Leistungszuwachs mit großer Widerstandsfähigkeit verbunden, was in den damals sehr beliebten Panamerikanischen Rennen (Los Angeles — Mexiko) gründlich unter Beweis gestellt worden war. Wenn der Lincoln die Ehrenplätze belegt und 1954 sogar die ersten beiden Preise gewinnt, so ist das nicht in erster Linie seiner Leistung zu verdanken. Er war von einem gewissen Clay Smith, der kurze Zeit später stirbt, perfekt auf das Rennen vorbereitet worden. Mit einer langen Achsuntersetzung bringt es der Lincoln auf eine Höchstgeschwindigkeit von 210 km/h, was eine beachtliche Leistung darstellt.

Allerdings muß man sich darüber im klaren sein, daß es sich bei den Lincoln nicht um echte Wettbewerbsfahrzeuge handelt. Besagtes Renn-Tuning und die daraus resultierenden Leistungen sind für die Marke außergewöhnlich. Die in großer Serie gebauten Fahrzeuge machen das deutlich. Sie werden im Hinblick auf ein Höchstmaß an Komfort und Sicherheit entworfen und sollen es bezüglich der Innenraumgestaltung und der Endfertigung mit den Cadillac, Packard und sonstigen Luxusfahrzeugen aufnehmen können.

Die ersten Jahre der „fifties" sind reich an Neuerungen aller Art. Gummiele-

mente werden Bestandteil der Vorderradaufhängung, was das sanfte Ansprechen der Federung und den Fahrkomfort erhöht. Die Bremstrommeln werden bei Lincoln überdimensioniert, im Gegensatz zu den anderen Konstruktionen. Bei der Lenkung (mit Servo) handelt es sich um eine Kugelumlauflenkung, was damals neu war, aber nicht unbedingt von großer Präzision ist. Bleibt die Innenraumgestaltung. In diesem Zusammenhang sei zuerst erwähnt, daß der Radstand eines „Capri" oder „Cosmopolitan" nur 3,12 m beträgt, was im Hinblick auf seinen Verwendungszweck kein übermäßig großer Wert ist. Dennoch ist innen genügend Platz vorhanden, dank eines vernünftig dimensionierten Kofferraums (was man vom Cadillac nicht behaupten kann). Der Fahrersitz ist nach allen vier Richtungen elektrisch verstellbar. Auf die Schalldämpfung hatte man besonderen Wert gelegt. Schließlich wird für die mit einer werkseigenen Klimaanlage ausgestatteten Modelle wahlweise ein Ersatz-Belüftungssystem angeboten, falls die serienmäßige Klimaanlage ausfällt.

Soviel Umsicht und Detailpflege nötigen Bewunderung ab, trotz der wenig anziehenden Gesamterscheinung dieser Fahrzeuge, denn offen gesagt, ihre Linien sind ohne Schwung und Originalität. Linien, die mit der Zeit spurlos verschwinden, ohne daß sich heute auch nur jemand an die Silhouette dieser Jahre erinnern könnte. Es gibt nur wenig Liebhaber von Fahrzeugen dieser Epoche... Sie ziehen den „Continental Mark II" vor, der 1956 erscheint. Damit haben sie recht, trotz einiger kleiner Mängel des Fahrzeugs.

Damit wäre ich beim „Mark II" angelangt. Der Entwurf dieses Fahrzeugs wird William Clay anvertraut, dem jüngeren Bruder von Henry Ford II. Als dieser die ersten Entwürfe begutachtet, sagt er seinem kleinen Bruder voller Nachsicht : „Dafür würde ich nicht einen Cent ausgeben". Eine liebenswürdige Bemerkung. Ich habe die Originalentwürfe nicht gesehen, jedenfalls ist das

Während der „fifties" entsteht dieser bemerkenswerte Lincoln Continental (1956-1957). Er heißt „Mark II", sein Motor leistet 300 PS, und sein Preis liegt bei 10 000 Dollar. Nächste Seite : *Der „Continental Kit" mit dem aussen angebrachten Reserverad ist hier zugunsten einer Ausbuchtung im Kofferraumdeckel verschwunden.*

DEC

RNIA
855

Endergebnis absolute Spitzenklasse, „great, man, great...", wie die Amerikaner sagen.
Der „Mark II" ist ein riesiges Coupé (es wurde nur ein einziges Cabriolet gebaut), mit einer besonders langen, niedrigen und flachen Motorhaube. Das ganze Fahrzeug ist niedrig gebaut. Die Windschutzscheibe (keine Panorama-Windschutzscheibe) hat gefällige Linien und auf dem Kofferraumdeckel hebt sich das Profil für das Reserverad ab. Es handelt sich um einen besonders gelungenen, attraktiven Entwurf. Tatsächlich kann dieses 1956 erschienene Modell nicht mit den anderen Lincoln-Versionen verglichen werden, deren übertriebene Formen und stilistische Phantastereien unverständlich geblieben sind. Der „Mark II" ist seiner Zeit 20 Jahre voraus. Heute zieht er zahlreiche Kenner an, die genießen, aber nicht kaufen, denn dieses Geschöpf kostet in tadellosem Zustand zwischen 25 000 und 40 000 Dollar; ein Preis, der dem Seltenheitswert und den klassischen, zeitlosen Formen dieses Fahrzeugs Rechnung trägt. Sogar die Frontpartie ist nicht mit den zahlreichen Chromteilen und sonstigen Stilelementen verziert, die bei den anderen Modellen einen übertriebenen Eindruck machen. Ich hätte, für meinen Teil, nur eine etwas weniger wuchtige vordere Stoßstange vorgezogen — aber damals gefiel das.
Beim Motor handelt es sich um einen V8, der 300 PS leistet; keine übertriebene Leistung, wenn das 2 176 kg schwere Ungetüm rasant spurten und sich zügig fortbewegen soll. Obwohl makellos schön und mit einem originellen Instrumentenbrett versehen, war dem „Mark II" nur eine kurze Lebensdauer beschieden. Das Fahrzeug von William Clay wurde nur knapp zwei Jahre gebaut. Warum? Wegen seines Preises. Unerschwinglich. Dazu einige Zahlen : 1957 kostet der „Capri" (die billigste Lincoln-Version) 4 649 Dollar; das Cabriolet wird für 5 381 Dollar angeboten, und der „Mark II" kostet 9 538 Dollar im Jahr 1956. Bei diesen Preisen machen sich die Käufer rar. Während der beiden Produktionsjahre hatten nur 2 200 Fahrzeuge Abnehmer gefunden. Der Grund für den hohen Preis liegt natürlich in den Produktionskosten, die wegen der luxuriösen Ausstattung, der hervorragenden Verarbeitungsqualität im Innenraum und der in jeder Hinsicht vorbildlichen Detailpflege überdurchschnittlich hoch waren.
Jedenfalls kann einstimmig festgestellt werden, daß der „Mark II" zehnmal attraktiver ist als der „Mark I" in den letzten Jahren seiner Karriere, während

Die Lincoln-Version von 1960 nennt sich „Mark V". Dieses massige Cabriolet besitzt eine rassige Silhouette. Es ist das letzte Cabriolet der Marke mit zwei Türen.

denen er unförmig und durch das Übermaß an Chromteilen verunstaltet aussah. Der „Mark II“ hatte zum Altern keine Zeit gehabt. Die Kurzlebigkeit ist der Preis, der für den Ruhm bezahlt werden muß, wenn er sich nicht gleichzeitig in hohen Verkaufsziffern ausdrückt.
Der Nachfolger des „Mark II“ erscheint im Jahr 1958. Er nennt sich „Continental Mark III“. Der „Mark I“ hatte das Altern nicht vertragen, dem „Mark II“ war eine zu kurze Lebensdauer beschieden gewesen und der „Mark III“ wäre besser überhaupt nicht entstanden. Meiner Meinung nach handelt es sich um eine höchst unerfreuliche Mißgeburt — ein plattgedrücktes Ungeheuer, dem man die vergeblichen Verbesserungsversuche ansieht. Das einzige gelungene Detail ist der schlichte Kühler. Ansonsten gibt es zu beiden Seiten des Kühlers schräg eingebaute Doppelscheinwerfer, eine Stoßstange mit raketenförmigen Auswüchsen, die an den Flanken in merkwürdigen Flossen enden, und was der sonstigen, fragwürdigen Einfälle mehr sind. Gewiß ist der „Mark III“ ein Qualitätsfahrzeug; gewiß ist er mit 5,81 m Gesamtlänge das längste Modell der Baureihe; gewiß hat er den größten und stärksten Motor der Epoche (7 Liter, 375 PS!). Allerdings ist diese ganze Horde von Pferdestärken auch nötig, um das Ungetüm mit Schwung fortzubewegen. An dieser Stelle sei bemerkt, daß Ford, der einer finanziellen Katastrophe à la „Mark II“ vorbeugen wollte, für den „Mark III“ den Capri-Karosserieentwurf verwendet hatte — von einigen Details abgesehen. Bei diesen Details handelt es sich natürlich um die Ausstattung, vor allem um ein in umgekehrter Richtung eingebautes, elektrisch zu betätigendes Heckfenster. Damit gelingt es Ford, den Herstellungspreis erheblich zu verringern. 1958 kostet das Fahrzeug nur 6 283 Dollar. Trotzdem sinken in diesem Jahr die Verkaufsziffern auf 25 000 Exemplare, während man im Vorjahr 41 000 Fahrzeuge verkauft hatte.
Bis Ende 1960 behalten die Fahrzeuge der Marke ihre komplizierte Linienführung, ihre eckigen, unharmonischen Formen mit den zahlreichen überflüssigen Stilelementen, sowie das umgekehrt sitzende Heckfenster (nur bei dem „Continental Mark V“). Ohne das Verdeck hat das Cabriolet eine ganz akzeptable Silhouette. Die Stoßstangen sind schmaler und die Flanken glücklicherweise vom überflüssigen Chromballast befreit. Der Entwurf für das Instrumentenbrett ist gut gelungen : Vier große Skalenscheiben geben über die wichtigsten Motorfunktionen Auskunft. Was den Motor betrifft, so handelt es sich um ein 7 Liter-Triebwerk wie das des „Mark II“, aber mit einer Leistung von „nur“ 315 PS. Die Preise für den kleinsten Lincoln, den „Town Car“, den „Continental“ und die Limousine liegen zwischen 5 253 und 10 230 Dollar.
Von 1961 bis 1965 — andere Zeiten, andere Sitten — zeigt sich der Lincoln „Continental“ in ganz neuer Gestalt. Diesmal ist das Resultat besonders gelungen : Die Linien von größter Schlichtheit, ein einfacher, verchromter Kühlergrill und unauffällige Stoßstangen. Auch die Linien der Windschutzscheibe sind besonders gefällig, weshalb der gleiche Entwurf auch für das Cabriolet verwendet wird. Heute gibt es nicht mehr viele „Continental“ der „sixties“ in einwandfreiem Zustand. Ihr Wert steigt übrigens ständig. Bis 1963 beträgt der Radstand des „Continental“ 3,12 m. Von 1964 bis 1969 beträgt er acht Zentimeter mehr, um für die Rücksitze etwas mehr Raum zu schaffen. 1961 leistet der 7 Liter-Motor 300 PS; 1965 steigt diese Leistung auf 320 PS an.
Erwähnt sei hier die bemerkenswerte Tatsache, daß bei diesem Cabriolet, das mit Leichtigkeit eine Höchstgeschwindigkeit von 200 km/h schafft, das Verdeck auch bei diesem Tempo keinerlei Geräusch macht. Ein Beweis für die äußerste Präzision dieser Konstruktion. Die Ingenieure hatten den Verdeckmechanismus des „Fairline Skyliner“ übernommen, dessen Verdeck sich faltet und im Kofferraum verstaut wird — alles mit elektrischer Bedienung.
Was den technischen Aufbau betrifft, hat der „Continental“ von 1965 einige interessante Neuheiten anzubieten. Er ist mit einer selbsttragenden Karosserie und Scheibenbremsen für die Vorderräder ausgestattet. Das ist auch nötig (es hätte sogar noch mehr bedurft), um das auf Touren gebrachte, 2 575 kg schwere Cabriolet zum Stehen zu bringen.
Neben der inzwischen bekannten Leistung von 320 PS, die der Motor unter anderem einem Fallstrom-Vierfachvergaser verdankt, findet man eine Dreigang-Getriebeautomatik vom Typ „Twin-Range Turbo-Drive“ vor. Die Schwäche des Fahrzeugs liegt in einer schlichten hinteren Starrachse mit Halbelliptikfedern. 1965 kostet das Prachtstück nur 6 930 Dollar. Bei diesem Preis verzeiht man gerne diese kleine Schwäche.

Das neue Cabriolet „Continental" mit vier Türen erschien 1961. Es zeichnet sich durch gerade, strenge Linien aus. Das hier gezeigte Modell, bei dem nur Details am Heck und Kühler verändert wurden, stammt aus dem Jahr 1965. Die Türen öffnen sich von der Mitte nach hinten und vorn. Das Verdeck wird auch hier im Gepäckraum verstaut.

Lincoln

Continental

Continental

Mercury

In Europa wird es langsam schwierig, ein gutes Geschäft zu machen, wenn man ein älteres Fahrzeug kaufen will. Das ist allgemein bekannt. Das Auto seiner Träume in perfektem Zustand zu entdecken, das seit Jahren irgendwo in einer Scheune ruhig auf einen wartet... das war einmal. Unter Strohbergen vor allen Unbilden der Witterung geschützt, gerade eben 10 000 Kilometer auf dem Tacho... ein unrealistischer Traum. Das Traumauto nur kurz abstauben, dem Eigentümer, der natürlich den Wert dieses antiken Objekts nicht kennt, ein paar Scheine in die Hand drücken... wer glaubt da noch dran? Den Motor anlassen, dem unwissenden Bauern zum Abschied zuwinken und losfahren... das ist gerade so, als würde man an den Weihnachtsmann glauben.
Es wäre auch naiv, anzunehmen, daß man dieses gute Geschäft täglich in den USA machen kann, weil dort so viele ältere Modelle zu sehen sind. Daß man drüben nur den „Hemmings“ (Fachanzeiger für den An- und Verkauf von Gebrauchtwagen, der jeden Monat über 20 Seiten Cadillac-oder Ford-Modelle anbietet) aufzuschlagen braucht, um unweigerlich das Geschäft seines Lebens zu machen. Nein, das gibt es auch in den USA nicht mehr. Gewiß kann man schöne Autos zu erschwinglichen Preisen finden, aber sobald es sich um ein wirkliches Prachtexemplar handelt, trotz seiner 30 Jahre in tadellosem Zustand, mit makelloser Lackierung, das außerdem nicht mehr als 6 000 Meilen gefahren ist, dann hat es Seltenheitswert und ist für den gewöhnlich Sterblichen unbezahlbar. Aber ich habe einen Mann und ein Auto getroffen, welche die Ausnahme von der Regel darstellen. Ein ungemein herzlicher Mensch, baskischen Ursprungs, der in Kalifornien lebt. In seinen Händen ein Super-Hyper-Pracht-Exemplar der Marke Mercury, ein dunkelblaues Cabriolet Baujahr 1946, das von seinem ersten Besitzer tatsächlich nur 5 000 Meilen gefahren worden war. Eine wirklich phantastische Geschichte, denn abgesehen von dem fast fabrikneuen Zustand des Fahrzeugs, hatte er es einer alternden Hollywoodschönheit abgekauft, die sich dieses seit 30 Jahren liebevoll gehüteten Objekts aus unerfindlichen Gründen entledigen wollte. Für unseren amerikanischen Basken ein einmaliger Glücksfall!
Zumal ein Mercury der „fifties“ oder gar der „fourties“ nicht an jeder Straßenecke zu finden ist. Selbst wenn sich ein Mercury und ein Ford Baujahr 1946 wie ein Ei dem anderen gleichen, ist der Mercury ohne Zweifel von anderer Klasse als der Ford. Der Mercury gehört zur gehobenen „middle class“, während der Ford irgendwo weit darunter liegt. Das Cabriolet „Woody“ von Mercury aus dem Jahr 1946 kostet 2 078 Dollar, während der Ford aus dem gleichen Jahr nur 1865 Dollar wert ist. Der Unterschied liegt in der Verarbeitung, in der Leistung und in den vielen kleinen Annehmlichkeiten, die aus einem fahrbaren Untersatz ein komfortables Fahrzeug mit luxuriöser Note machen. Der sehr einfache Kühlergrill des Ford war halb so teuer wie der verchromte, originelle des Mercury.
Im großen und ganzen sehen die beiden Fahrzeuge aus, als kämen sie aus dem gleichen Werk. Man sieht ihnen ihre gemeinsame Herkunft an. Normal, sagt der werte Leser. Er wird sich fragen, warum ich mich lang und beit über diese beiden Cabriolets auslasse. Weil diese frappierende Ähnlichkeit nur bis 1948 dauert; anschließend geht die stilistische Entwicklung in ganz verschiedene Richtungen.
Die Erklärung dafür? Ich will versuchen, die richtige zu finden, denn die Sache ist nicht ganz klar. Also : Nach Kriegsende hatte Ford einen Entwurf für den Mercury mit einem Radstand von 3,00 m ausgearbeitet. Nach reiflichem Überlegen wurde beschlossen, diesen Entwurf für das neue Fordmodell 1949 zu verwenden. Aber wie sollte der Mercury aussehen, den man seiner Hülle beraubt hatte? Nach einigem Suchen fand man ein Projekt für einen Lincoln mit einem Radstand von 3,07 m. Etwas kurz für ein Prestigefahrzeug, aber lang genug für den neuen Mittelklasse -Mercury 1949. Und das Lincoln-Modell für 1949? Für den Lincoln „Cosmopolitan“ wird der Entwurf für den Lincoln „Zephyr“ 49 mit einem Radstand von 3,17 m verwendet. Der „Zephyr“ wird in diesem Jahr von Produktionsprogramm gestrichen.
Daher der Unterschied ab 1948. Einerseits der Ford mit seinem Mercury-Gewand, andererseits der Mercury, der

aussieht wie ein Lincoln. Damit wird wohl alles klar.
Dieser 1949, 1950 und 1951 gebaute Mercury wird wegen seiner harmonisch runden Silhouette weithin berühmt. Heute würde man sie als etwas zahm empfinden, obwohl diese kurvenreiche Silhouette sehr attraktiv aussieht. Die Frontpartie ziert ein netter zylindrischer, verchromter Kühlergrill mit integrierten Scheinwerfern, während das Heck, das bei den Modellen dieser Epoche in irgendeiner Hinsicht immer übertrieben ist, auch hier runde Linien hat, dafür aber perfekte Proportionen aufweist. Den Mercury gibt es mit zwei oder vier Türen, als sehr gelungenes Coupé, als Cabriolet und als Break „Woody“. Eine Limousine kostet im Jahr 1949 1977 Dollar, ein Ford mit einem Sechszylinder dagegen nur 1 333 Dollar. Der Unterschied wird im Laufe der Jahre immer größer, zumal der alte V8 mit seinem Hubraum von 3,9 Litern auf 4,2 Liter erhöht worden war und die Leistung von 100 auf 110 PS angestiegen ist. Vor dem Modell von 1949 hatten die Mercury-Modelle Querblattfedern an Vorder- und Hinterachse. Beim neuen Mercury hatte man mit diesen veralteten Vorderachsen Schluß gemacht. Für die Vorderräder werden jetzt Schraubenfedern verwendet und für die starre Hinterachse Halbelliptikfedern.
Dazu muß gesagt werden, daß Edsel Ford, dem dieses Projekt anvertraut worden war, ursprünglich eine unabhängige Aufhängung aller vier Räder vorgesehen hatte. „Was für eine merkwürdige Idee“, sagte da Vater Henry, der die Sache überwachte. Er wußte besser als jeder andere, daß dieses Radaufhängungssystem mit vier unabhängigen Rädern nichts einbringen würde. Der Komfort ist zwar wichtig, aber Geld ist noch wichtiger, sagte sich Vater Henry.
Ein mechanisches Dreiganggetriebe wird serienmäßig eingebaut. Zur Wahl steht eine Zweigang-Automatik mit dem sinnigen Namen „Touch-O-Matic“.
1950 erscheint ein neues Modell, der „Monterey“, ein 6-Personen-Coupé, das von außen durch sein Vinyldach erkenntlich ist. Es wird offiziell zum „Pace Car“ für das 500-Meilen-Rennen von Indianapolis bestimmt. Im nächsten Jahr ändert sich nur wenig an der gelungenen Gesamterscheinung des Mercury. Er erhält ein neues Kühlergitter und wird einigen Detailmodifikationen unterzogen. Zur Serienausstattung gehört jetzt das „Touch-O-Matic“-Automatikgetriebe, sein V8-Motor leistet 112 PS. Rein leistungsmäßig steht der Mercury noch immer auf dem gleichen Stand wie im Jahr 1939, denn der Motor hat sich, trotz der neuen Zylinderanordnung in V-Form, kaum weiterentwickelt. Tat-

Das Mercury-Cabriolet des Jahres 1946 ist ganz aus Stahl. Damals kostete es nur 1 600 Dollar.

Zwei perfekt wiederhergestellte Mercury-Cabriolets aus dem Jahr 1950. Die blaue Ausführung besitzt die wahlweise angebotenen Nebelscheinwerfer und zwei Suchscheinwerfer. Das Kühlermotiv wiederholt sich im Instrumentenbrett.

Mercury

Soundings

sächlich entspricht der relativ dürftige technische Aufbau nicht den Erwartungen, welche die Kunden in ihr Automobil setzen. Der Mercury erhebt den Anspruch, ein Qualitätsfahrzeug zu sein, „fast" ein Luxusmodell, deshalb wird automatisch auch die nötige Potenz erwartet.

Um diesen erheblichen Mangel zu beseitigen, bringt Ford 1952 einen neuen V8 heraus, dessen Leistung auf 125 PS angestiegen ist. Gleichzeitig wird eine neue Karosserie entworfen, die diesmal nicht mehr wie ein Lincoln aussieht, sondern alle Merkmale der Ford-Modelle aufweist. Jetzt ist plötzlich Schluß mit den sanften, kurvenreichen Linien; alles ist eckig und kantig. Der vollkommen gerade verlaufende Kühler beherrscht eine strenge, mathematisch präzise Frontpartie. Die Windschutzscheibe ist nicht mehr geteilt. Die Heckpartie setzt in einer geraden Linie an den hinteren Dachpfosten an, geht in schräger Linie in die Heckleuchten über, die ihrerseits bis zu der Stoßstange hinunterreichen. Eine Karosserie, die Überraschungen verbirgt : Im Vergleich zum Vorgänger hat das neue Modell 45 kg Gewicht verloren. Es verfügt über eine Servo-Lenkung und einen Bremskraftverstärker, und der Fahrersitz läßt sich elektrisch verstellen.

Das Tollste aber ist das neu nach dem Vorbild der Flugzeugarmaturen entworfene Instrumentenbrett : In der Mitte der halbkreisförmige Drehzahlmesser, in den die vier traditionellen Zifferblätter zur Kontrolle der Kühlwassertemperatur, des Kraftstoffstands, des Öldrucks und der Batterieladung eingelassen sind. Zu beiden Seiten des großen Zifferblattes befinden sich vier kleine Hebel zum Drücken oder Ziehen, die der Be-und Entlüftung des Innenraums dienen. Die Gänge des automatischen Getriebes werden mittels eines kleinen, auf der rechten Seite befindlichen Schalthebels eingelegt, und eine Kontrolleuchte auf der Lenksäule gibt dem Fahrer über den gewählten Gang Auskunft. Weiter rechts gibt es noch eine Uhr, einen Aschenbecher und ein Radio.

Für die Liebhaber der Marke Lincoln, die vor ein paar Jahren das außen angebrachte Reserverad herausbrachte, wird der „Continental kit" angeboten, der aus einem am Kofferraumdeckel befestigten Reserverad besteht, und aus einer weiter nach hinten versetzten Stoßstange, die genügend Raum für das Radvolumen gewährt. Eine stilistisch günstige Zusatzausstattung, mit der die Heckpartie des Mercury schlanker und sportlicher wirkt.

A propos — wer weiß, woher der Name Mercury kommt und wann die Marke bei Ford auftaucht? — Ich bringe die Information im Schnellgang, um die Geduld des Lesers nicht zu strapazieren. Im Jahr 1938 kommt Vater Henry und Sohn Edsel die Idee, eine neue Marke zu gründen, welche die Baureihe der Mittelklassefahrzeuge bereichern soll. Konzipieren, entwerfen, entwickeln, verbessern... — was ist natürlicher als das? Die Idee ist einfach : Der Neuankömmling soll mit allen Merkmalen der Ford-Modelle versehen sein, aber eine bessere Ausstattung und Verarbeitung erhalten. Sohn Edsel leitet die stilistische Abteilung, die auch für den Gesamtentwurf verantwortlich ist. So entsteht nach mehreren Monaten redlichen Bemühens der erste Mercury. Warum der Name Mer-

Dieser „Turn Pike Cruiser" von Mercury ist mit dem „Continental Kit" ausgestattet. 1957 wurde er zum „Pace Car" beim 500 Meilen-Rennen von Indianapolis gewählt.

cury? Daran war der Zufall nicht unbeteiligt. Ford läßt eine Liste von etwa 100 Namen aufstellen und stellt die Wahl zur Diskussion; eine Methode, der Ford bisher treu geblieben ist. Unter den 104 Vorschlägen befindet sich der Name Mercury, der schließlich gewählt wird. Einfach, nicht wahr?
Bis 1956 ignoriert man die Mode der „fins" für die Mercury-Karosserien, die auch nicht den geringsten Auswuchs im Heck aufweisen. Nicht einmal diesen merkwürdigen Wulst an den Kotflügelenden, mit dem sich die Cadillacs schon lange auszeichnen und der aussieht, wie ein heruntergerutschter Butterklumpen. In der Zwischenzeit, d.h. 1954, bringt Mercury den „Sun Valley" heraus, der an einem durchsichtigen Plastikdach erkennbar ist. Nach den Aussagen seiner Schöpfer können die Insassen damit den Himmel im Grünton bewundern (das Dach ist grün getönt), ohne dabei auf die klimatisierte Luft verzichten zu müssen. Also ein Mittelding zwischen einer geschlossenen und einer offenen Version. Leider ist das Dach nicht wetterbeständig, das mit der Zeit und der Sonneneinstrahlung Risse und Sprünge bekommt, weshalb dieses Modell bald nicht mehr gefragt ist. Im gleichen Jahr 1954 wird der zu schwache V8 verbessert und leistet jetzt 161 PS.
Nach dem „Monterey" und dem „Sun Valley" erscheint 1955 ein neuer Mercury unter dem Namen „Montclair". Bei dieser Gelegenheit erhalten alle Modelle eine Panorama-Windschutzscheibe. Gleichzeitig wird der Motor ein paar Kilo schwerer, leistet dafür aber wieder etliche PS mehr (188 PS insgesamt).
1957 ist ein schicksalsschweres Jahr für die Marke, die sich eine Stilrevolution leistet. Dämonische, brutale Formen verdrängen plötzlich die klassischen, unauffälligen Linien der Vorgänger. Jetzt gibt es kein Halten mehr, man schöpft aus dem Vollen. Die Stilisten dürfen ihrer Phantasie freien Lauf lassen. Die Stoßstangen werden zu abwehrbereiten Puffern, wie bei Lokomotiven; darüber befinden sich Kühlergitter, die diabolische, zähnefletschende Formen annehmen. Doppelscheinwerfer sitzen unter weit nach vorne gezogenen, spitz zulaufenden Blenden. Die Heckpartie sieht genauso übertrieben aus : Die kompliziert gewundene Gürtellinie endet in V-förmig angebrachten Heckleuchten. Dieses chromglänzende Delirium findet im „Turn-Pike Cruiser" seinen Höhepunkt. Hier werden die aggressiven Linien durch die Zweitonlackierung, eine Reihe von Chromleisten und verschiedene dekorative Teile aus Aluminium noch unterstrichen.
Im Gegensatz zu vielen anderen Firmen, die dieses phantastische Styling bis 1961 fortsetzen und sich dabei gegenseitig überbieten wollen, macht Mercury dieser Manie im Jahr 1959 ein Ende. Zwar macht auch dann die Gesamterscheinung noch keinen sehr viel zahmeren Eindruck als 1957, aber die Karosserien sind länger und sehen mit diesen gestreckteren Linien harmonischer aus.
Das Beste vom Besten, das Dessert, das man sich heimlich aufhebt, um es später allein in einem stillen Eckchen zu genießen, ist das Cabriolet „Turn-Pike Cruiser". Warum? Einfach weil es als „Pace Car" für das 500 Meilen-Rennen von Indianapolis gewählt wurde. Es handelt sich demnach um ein in kleiner Serie in Kalifornien gebautes Modell, von dem 1265 Exemplare für die Händler der Marke bestimmt sind. Die erste Neuheit : Ein elektrisch zu betätigendes Verdeck. Zweitens : Die vorderen Kotflügel und der Kofferraumdeckel erhalten jeweils einen Schriftzug „500 miles". Drittens : am Instrumentenbrett befindet sich — eine Seltenheit damals — ein mit einer Uhr kombinierter Drehzahlmesser. Beide Kontrollen sind von einer Gummiblende umgeben. Außerdem gibt es einen Mini-Bordcomputer, der die Durchschnittsgeschwindigkeit berechnet und anzeigt. Ansonsten verfügt das Cabriolet über einen „Seat-O-Matic" genannten Fahrersitz, der in 49 (!) verschiedene Positionen eingestellt werden kann. Die Gangwahl findet mittels Drucktasten statt, ein altes Konstruktionsprinzip bei Chrysler.
Und der Motor? Das Cabriolet „Turn-Pike" ist mit einem „small block" ausgestattet, der mit einem Hubraum von 5,1 Litern jetzt immerhin 290 PS leistet-langsam kommt also Leistung. Damit ist er erfreulich anzugsstark und bringt es auf eine Höchstgeschwindigkeit von 175 km/h.
Die Jahresproduktion des „Turn-Pike Cruiser" beläuft sich auf 17 000 Exemplare; das ist nicht viel. Es gibt zwei Gründe dafür : Der hohe Preis und ein provozierendes, aggressives Styling.
Womit bewiesen wäre, daß extreme Lösungen keinen Gefallen finden, wenn man seine Kundschaft seit Jahren an eine gewisse Schlichtheit im Stil und an ein bestimmtes Markenimage gewöhnt hat.

Nächste Seite :
Rückansicht des Coupés „Monterey" von 1953 mit dem „Continental Kit".

MAY

NEVADA LODGE
COFFEE SHOP CASINO ENTERTAINMENT
Featuring
Gifts
JEWELRY
MINNETONKA
MOCCASINS
MERCURY-CLUB

Thunderbird

Donnervogel — das ist doch ein Name, der gut gewählt ist! Er löste in den Köpfen der Jugend damals eine wahre Explosion aus. Als er 1955 auftauchte, war es wie ein Schock für mich. Ich war ganz hingerissen von dem Zweisitzer, der so sprungbereit und sportlich aussah. Nach der Corvette hatte sich Amerika endlich auch einen zweiten Sportwagen geleistet, der es mit den Jaguar und Porsche vom Kontinent aufnehmen konnte.
Diese Erklärung kommt von einer Dame fortgeschrittenen Alters, vielleicht in den Sechzigern — ganz in Rosa. Sie sitzt auf einem Klappstuhl, drei Meter von einem prachtvollen T-Bird, Baujahr 1956, entfernt. Das Auto ist rosa, wie das Kleid der Dame. Sie sitzt da, an diesem sonnigen Nachmittag, und wartet auf die Schiedsrichter, die ihr Auto begutachten kommen. Ein richtiger, kalifornischer Sonntag — alles ist ruhig. Ein paar Liebhaber alter Automobile haben sich bereits in dem kleinen Nest, einige Meilen von San Franzisko entfernt, eingefunden. Sie sind alle gekommen, um an einem Schönheitswettbewerb teilzunehmen.
Die Dame in Rosa erzählt mir, daß ihr Mann im Jahr 1957 das gleiche Fahrzeug besessen und zwei Jahre später wieder verkauft hatte. Vor ein paar Jahren überkam ihn plötzlich der Wunsch, das Auto, das damals lange Zeit seine große Freude gewesen war, wieder zu besitzen. Er kauft also den T-Bird, Baujahr 1956, für 7 000 Dollar. Das Fahrzeug befindet sich zwar in einem gut erhaltenen Zustand, der aber nichts gemein hat mit dem, was auf Wettbewerben wie diesem hier selbstverständlich ist. Er nimmt also seinen ganzen Mut zusammen, zerlegt das Fahrzeug in seine Bestandteile — nimmt es vollkommen auseinander! Er trennt die Karosserie vom Rahmen und baut Motor, Getriebe und Federungssysteme aus. Die gesamte Antriebseinheit muß überarbeitet werden, die Stoßstange und Einfassung der Windschutzscheibe werden neu verchromt und diverse Gummidichtungen müssen gefunden werden. Heute erstrahlt der T-Bird in wahrhaft königlichem Glanz. Aber um dieses Resultat zu erreichen, hatte das Ehepaar 12 000 Dollar ausgegeben, womit das Fahrzeug schließlich fast 20 000 Dollar kostet. Dafür gewinnt die Dame in Rosa auf ihrem Klappstuhl aber auch den ersten Preis bei dem Schönheitswettbewerb aller hier versammelten Ford Thunderbirds.
Das erste, was einem bei einem T-Bird von 1955 oder 1956 auffällt, ist die harmonische Linienführung, die Finesse der Frontpartie, in die sich ein schlichter Kühler diskret einfügt. Auch die Stoßstangen sind elegant und schmal, und die Linien im Heck sind genauso harmonisch in ihren Proportionen wie die Frontpartie.
Dieser Eindruck wird noch verstärkt durch die Tatsache, daß der T-Bird der 1955 beginnenden Modetendenz der Heckflossen, der kompliziert geformten, wuchtigen Kühlergitter und den Zweitonlackierungen mit harten, durch breite Chromleisten unterstrichenen Farbkontrasten entgeht. Zumindest behält er seine schlichte, aparte Silhouette bis 1958; dann wird er durch einen radikalen Umbau, der aus ihm ein Modell mit vier Sitzplätzen macht, auf eine geradezu unglaubliche Weise verunstaltet. Dieser schnittige Roadster sollte nämlich während seiner dreijährigen Lebensdauer seine wesentlichen stilistischen Merkmale beibehalten, mit Ausnahme des technischen Aufbaus. Was später kommt, werden wir gleich sehen.
Die Ausgangsidee für den Bau des Roadsters von Ford ist etwas merkwürdig. Es heißt, daß die Idee vom Generaldirektor Lewis Crusoe stammt, der während eines Besuchs auf der Pariser Automobilausstellung die europäischen Sportwagen, wie Jaguar, Porsche, Mercedes oder Ferrari entdeckt. Dabei fragt sich der gute Mann, ins heimische Amerika zurückgekehrt, warum der Automobilgigant Ford in seinem Produktionsprogramm nicht ein einziges Fahrzeug gleichen Kalibers aufzuweisen hat.
Kurz und gut, diese Feststellung des Mister Crusoe löst Panikstimmung im Hause Ford aus. Denn wahrlich, wie ist es möglich, daß eine so mächtige Firma wie Ford unter der Vielzahl ihrer Modelle nicht einen einzigen sportlichen Zweisitzer aufzuweisen hat? Was für eine Unterlassungssünde!
Eine allerdings sehr schnelle behobene Unterlassungssünde. Das neue Sportmodell, unser T-Bird, erscheint im Jahr 1955 und wird zum konkurrenzfähigen Preis von 2 944 Dollar angeboten, während eine Corvette aus dem gleichen

Jahr 2 934 Dollar kostet. Der Preis des T-Bird war natürlich dem der Corvette angepaßt worden, um den Neuankömmling von Ford die besten Chancen zu lassen.
Gleich bei seinem Erscheinen ist der Thunderbird ein Hit, ein umwerfender Erfolg. Im ersten Produktionsjahr werden 15 000 Fahrzeuge verkauft, während sich die Corvette mit 700 Neuzulassungen begnügen muß, obwohl im Vorjahr 3 200 Fahrzeuge Abnehmer gefunden hatten. Das bedeutet, daß der Thunderbird gleich zu Beginn einen guten Teil des für die Corvette in Frage kommenden Käuferkreises für sich entschied.
Das war ein in diesem Ausmaß unerwarteter Erfolg. Die Firmenleitung traut ihren Augen nicht. Ob der Erfolg anhalten wird? Oder handelt es sich nur um eine vorübergehende Neigung des Publikums? Die Verkaufsziffern beweisen das Gegenteil. Im nächsten Jahr erhält der T-Bird das auf dem Kofferaumdeckel angebrachte Reserverad : 18 500 Fahrzeuge werden verkauft. Sein Rivale, die Corvette, findet im gleichen Jahr 6 339 Käufer. Die Zuwachsrate hält an : 1958 werden 53 000 Thunderbird gebaut, gegen 9 000 Corvette. 1960 stellt einen Höhepunkt dar mit 87 000 Fahrzeugen, gegen 12 500 Corvette.
Wie die europäischen Sportmodelle verfügt auch der T-Bird über ein mechanisches Getriebe. 1956 bleiben die Linien der Karosserie unverändert, nur das sichtbar im Heck angebrachte Reserverad verleiht der schlichten, klaren Silhouette eine sportlich-elegante Note. Von nun an stehen zwei Motorversionen zur Wahl. Neben dem 4,8 Liter-Motor, der 202 PS leistet und an ein mechanisches Getriebe angeflanscht ist, bietet Ford die Version mit einem Hubraum von 5,1 Liter an, die zusammen mit einem mechanischen Getriebe mit Schnellgang oder dem Automatikgetriebe „Fordomatik“ 215 PS leistet. Im Gegensatz zur Corvette ist hier das Instumentenbrett von vorbildlicher Schlichtheit. Geradlinig, mit einem großen Zifferblatt dem Fahrer gegenüber und den üblichen Kontroll- und Bedienungsinstrumenten.
1957 bleibt der T-Bird ein Zweisitzer, allerdings hatte man die Karosserie

Einer der großen Erfolge von Ford, der „Thunderbird“, auch „T-Bird“ genannt, der gleich bei seinem Erscheinen im Jahr 1955 seinen Rivalen, die « Corvette », weit überflügelte. Das hier gezeigte Modell von 1956 ist mit einem sichtbar angebrachten Reserverad und einem Hardtop mit einer Sichtluke ausgestattet. Nächste Seite : *Das gleiche Modell ohne Hardtop haben wir in Paris fotografiert. Die Silhouette hat Klasse und auch das Instrumentenbrett ist elegant.*

GA 75 F

Blick auf das funktionell konzipierte, übersichtliche Instrumentenbrett des „T-Bird“. In der Mitte der halbkreisförmige Meilenzähler, links der Drehzahlmesser und rechts die Uhr.

überarbeitet, leider mit einem wenig glücklichen Resultat. Die Form des Kühlers wird durch eine ziemlich schwerfällige Stoßstange unterstrichen, und die hinteren Kotflügel zeigen die ersten Ansätze von Heckflossen. Die Zierdeckel der Räder haben ein neues Muster und das außen angebrachte Reserverad, das dem Vorgänger ein so elegantes Aussehen verliehen hatte, ist hier in den Kofferraum verbannt worden. An den Motorversionen ist nichts verändert worden, nur das große 5,1 Liter-Triebwerk verzeichnet bei gleichem Hubraum einen Leistungszuwachs von 30 PS (insgesamt 245 PS). Der T-Bird wird für 3 408 Dollar angeboten, gegen 3 465 Dollar für die Corvette.

Damit ist die Geschichte des kleinen, zweisitzigen Coupés, dessen Karriere nur drei Jahre gedauert hat, auch schon zu Ende. Seit Monaten ist man in den Forschungsbüros mit der Ausarbeitung eines T-Bird mit vier Sitzplätzen beschäftigt, den die Kundschaft verlangt und wofür ein reeller Bedarf besteht, was eingehende Marktforschungen bestätigen. 1958 wird der Thunderbird „new look“ der Presse vorgestellt, die kein einstimmiges Lob spendet. Gewiß findet dieses Modell mit vier Plätzen den Beifall der Menge, die darauf gewartet hat, aber die neue Version hat den dem T-Bird von 1956 eigenen Charme und die aparte Silhouette verloren. Kühler und Stoßstange bilden eine Einheit und sehen wie ein riesiges, geöffnetes Fischmaul aus. Die bauchigen Konturen der Flanken werden von Zierleisten noch unterstrichen und die hinteren Kotflügel laufen in niedrige Heckflossen aus.

Was im Grunde an dem neuen T-Bird auffällt, ist seine schwerfällige, etwas plumpe Gesamterscheinung. Trotzdem kommt das neue Modell sehr gut beim Publikum an, das in einem Jahr 53 000 Fahrzeuge kauft, gegen 20 000 Exemplare des Zweisitzers im Vorjahr. Ford hatte also doch recht behalten : Ein echtes Sportfahrzeug nach europäischen Vorstellungen kommt bei der breiten Masse in den USA nicht an. In den folgenden Jahren stellt es sich eindeutig heraus, daß eine Limousine mit vier Sitzplätzen und moderner Karosserie rentabler ist als ein Hochleistungstriebwerk in einer engen Sportkarosserie mit zwei knappen Plätzen.

Von einigen Detailänderungen abgesehen, bleibt die Silhouette des viersitzigen T-Bird bis 1960 unverändert. Es bleibt ein großes Coupé mit einem Radstand von 2,87 m, das serienmäßig von einem 300 PS leistenden 5,7 Liter-Motor angetrieben wird (Preis : 4 222 Dollar). Für Sportfreunde bietet Ford eine rasantere Version an, die in den „Lincoln Continental" eingebaut wird : Ein Motor mit einem Hubraum von 7 Litern, der seine 350 PS bei 4 600/min abgibt. Das Modell erscheint als Cabriolet und als Version mit Hardtop. Letztere ist am gefragtesten; seine Produktionsziffer ist siebenmal höher als die der Cabrios. Womit bewiesen wäre, falls das noch nötig ist, daß man damals in Amerika Luxus und Komfort den sportlicheren Freuden der windausgesetzten, offenen Versionen vorzog.

Alle drei Jahre wird der T-Bird völlig überarbeitet und verbessert. 1961 erscheint ein neuer Entwurf, dessen Front eine frappierende Ähnlichkeit mit der des „Lincoln Continental— hat. Nicht weiter verwunderlich, denn beide Entwürfe stammen vom gleichen Stilisten.

Diesmal sind die Konturen der Flanken flach und glatt. Die Panorama-Windschutzscheibe ist verschwunden und zwei enorme Heckleuchten lockern die ebenfalls strengen Linien im Heck auf. Wieder werden zwei Versionen angeboten, das Cabriolet und das große Coupé mit Hardtop (die Macht der Gewohnheit). Dem Fahrwerk war besondere Aufmerksamkeit zuteil geworden. Obwohl ursprünglich ein Frontantriebler gebaut werden sollte, findet man hier wieder den traditionellen Heckantrieb. Alle Teile das Fahrwerks waren besonders sorgfältig geprüft worden und die Rahmenkonstruktion ist von besonderer Qualität. Auch auf die Geräuschisolierung war großer Wert gelegt worden.

Der einzige, 1961 gebaute Motor ist ein V8 mit einem Hubraum von 6,4 Litern und einer Leistung von 300 PS. 1962 werden wieder zwei Versionen angeboten : Der unverändert gebliebene 6,4 Liter-Motor vom Vorjahr und eine stärkere Version, mit der der T-Bird 340 PS entfaltet. Der Innenraumgestaltung wird größte Sorgfalt gewidmet. Alles ist elektrisch in diesem Fahrzeug, in dem sich Luxus und Leistung harmonisch ergänzen. Es gibt hier übrigens ein einfallsreiches System, mit dem sich das Lenkrad nach rechts verstellen läßt, um dem Fahrer mehr Platz zum Einsteigen zu lassen.

Einer der schönsten T-Bird ist und bleibt für meinen Geschmack der 1962 und 1963 gebaute „Sports Roadster".

Was das für ein Fahrzeug ist? Es handelt sich schlicht um das viersitzige Cabriolet, das in einen Zweisitzer verwandelt wurde. Dieses Idee stammt wieder von Lee Iacocca, Direktor bei Ford. Einige Händler verlangen auf Wunsch der Kunder einen Roadster, vorauf Lee einen Stilisten mit dem Entwurf beauftragt, ohne richtig an den Erfolg des Unternehmens zu glauben. Für ihn ist die Zeit des kleinen, rasanten Sportcabrios vorüber. So sehr in den „fifties" eine reelle, für die Firma einträgliche Nachfrage nach sportlichen, offenen Versionen bestanden hatte, so sehr hat sich der Geschmack des Publikums in den letzten Jahren geändert. Anstelle das Stilbüro mit der Ausarbeitung eines ganz neuen Modells zu beauftragen, läßt Lee Iacocca einen „tonneau-cover" anfertigen, der die beiden Rücksitze des T-Bird von 1961 verdecken soll.

Das Ergebnis kann sich sehen lassen. Mit dem in zwei Kopfstützen endenden Einsatz erhält das Fahrzeug eine elegantere, gestrecktere Silhouette. Derart in einen Zweisitzer verwandelt, sieht der T-Bird nobel, rassig und elegant aus, wie ein Vollblut. Allerdings ist der Preis für diese Umwandlung zu hoch : 650 Dollar, die zu dem bereits stolzen Preis von 5 439 Dollar hinzugerechnet werden müssen.

Wie Lee Iacocca vorausgesehen hatte, war diese Idee nicht von Erfolg gekrönt. Trotz der ästhetisch perfekten Karosserie verkauft sich das Modell schlecht : 1962 werden nur 1 427 Fahrzeuge gebaut und im nächsten Jahr nicht mehr als 455. Ein glatter Versager in finanzieller Hinsicht. Schade! Der „Sports Roadster" sollte der letzte, „große" Thunderbird sein.

Das Heck des T-Bird von 1956.

Dieser prächtige T-Bird „Sports Roadster" wurde 1962 und 1963 gebaut. Er hatte ursprünglich vier Sitzplätze und wurde mittels eines Einsatzes aus Polyester in einen echten Roadster verwandelt. Sein Preis : 5 500 Dollar.
Rechte Seite : *Cockpit und Rücksitze eines T-Bird 1964, dessen Karosserie überarbeitet worden war. Das Lenkrad läßt sich nach rechts verstellen, um dem Fahrer mehr Platz zum Einsteigen zu lassen.*

0 20 40 60 80 100 120 140 160 180 200
OIL
TEMP
LIGHTS

Mustang

Der Mustang ist ein Fall für sich. Ein Volltreffer, sowohl in den USA, als auch in Europa. Die ersten Mustang erscheinen 1964 auf dem Markt, obwohl die Idee zum Bau dieses Fahrzeugs aus dem Jahr 1961 stammt. Wieder ist der Ingenieur Lee Iacocca, der damals den Posten eines Verkaufsleiters bei Ford innehatte, der Urheber dieser Idee. Er weiß, daß bei einem bestimmten Käuferkreis eine nicht deutlich ausgedrückte, aber starke Nachfrage nach einem kleinen, sportlichen Zweisitzer besteht, ein Fahrzeugtyp, der am Ende der „fifties“ mit dem T-Bird und dem Corvette vom Markt verschwunden ist. Außerdem muß das neue Modell populär sein, d.h. preisgünstig und daher konkurrenzfähig.
Nachdem mehrere Prototypen ausgearbeitet worden waren, entschied man sich bei Ford zum Bau eines viersitzigen Fahrzeugs mit besonders sportlicher Karosserie. Daher entsteht der Mustang nach folgenden Stilkriterien: Niedriger Aufbau, lange Motorhaube und relativ kurze Heckpartie. Tatsächlich wirkt der Mustang geduckt und sprungbereit. Außerdem hat Lee Iacocca die geniale Idee, eine große Anzahl von Zusatzausstattungen zur Verbesserung des technischen Aufbaus und der ästhetischen Gestaltung anzubieten. Der Verkaufserfolg macht sich sofort bemerkbar. Die Produktionsziffern erreichen phantastische Höhen. Ganz Amerika will dieses Auto haben, Männer, Frauen und Sechzehnjährige, die gerade ihren Führerschein in der Tasche haben. Der Mustang ist auf alle Kategorien zugeschnitten. Ford bietet drei Basismodelle an, den GT 2+2 mit „Fastback“, das Cabriolet und die zweitürige Version mit Hardtop. Das Cabriolet hat in den ersten Jahren mit 10 000 verkauften Fahrzeugen den größten Erfolg!
Da man vom Prinzip ausgegangen war, daß der Mustang ein für die breite Masse erschwingliches, volkstümliches Fahrzeug darstellen soll, ist die Basisausstattung von kärglicher Schlichtheit. Der kleinste Motor in der billigsten Version, „Falcon“ genannt — übrigens eines der erster „Kompaktfahrzeuge“ — hat einen Mini-Hubraum von 2,8 Litern. Es handelt sich um einen gußeisernen Sechszylinder, der ein enormes Gewicht hat und nur lächerliche 101 PS entwickelt. Ich sage lächerlich, weil der Mustang als Sportwagen gelten will und seine 101 lahmen Pferdchen außerstande sind, ihn zu sportlichen Leistungen anzutreiben.
Dabei stellt der Verkauf eines für einen wenig bemittelten Käuferkreis bestimmten Fahrzeugs mit einer ansprechenden Karosserie und einem kleinen Motor eine hochintelligente Verkaufspolitik dar. Jedermann kann damit seinen Traum von einem Sportwagen verwirklichen, selbst wenn daran nur seine Linien sportlich sind. Dieses Prinzip wird einige Jahre später von Ford-Europa für seinen „Capri“ übernommen. Ein Mini-Motor in einer attraktiven Karosserie. Gott sei Dank werden dem Kunden — zumindest in den ersten Produktionsmonaten — verschiedene Zusatzausstattungen angeboten. Er kann sich für einen V8 „smallblock“ mit einem Hubraum von 4,3 Litern entscheiden, der 164 PS leistet. Später wird der kleine 2,8 Liter-Motor in ein 120 PS leistendes 3,3 Liter-Triebwerk verwandelt, und an die Stelle des 4,3 Liter-Motors tritt der berühmte V8 mit einem Hubraum von 4,7 Litern, der mit einem Einzelvergaser 200 PS und mit einem Vierfachvergaser 270 PS entfaltet. Der 4,7 Liter-V8 mit Einzelvergaser wird in großer Serie gebaut und nach Europa exportiert.
Es handelt sich tatsächlich um eine sehr gelungene, spurtfreudige Konzeption, vor allem im Verbund mit einem mechanischen Vierganggetriebe. 180 km/h sind schnell erreicht, und bei dieser Geschwindigkeit ist der Geradeauslauf perfekt. Kühlprobleme gibt es weder bei hohen Drehzahlen, noch im Stadtbetrieb. Aber die größte Qualität des 4,7 Liter-Motors liegt in seiner Zuverlässigkeit. Allen Anforderungen gewachsen, unverwüstlich, kann er auch die höchsten Drehzahlen verkraften. Die einzige Schwäche, über die sich die Mustang-Eigentümer beklagen, betrifft die direkte, aber wenig präzise Lenkung. Selbst mit allen verfügbaren Zusatzangeboten („full options“) ist das Endergebnis nicht berühmt; der Mustang ist sogar weit entfernt davon. Damit nimmt er den Platz ein, den seine Schöpfer ihm von Anfang an zugewiesen hatten d.h. bestimmt nicht an der Spitze der Hierarchie.
Es sei daran erinnert, daß der Ausgangspreis im Jahr 1965 für den Mustang mit

Sechszylindermotor nur bei 2 368 Dollar liegt, und bei 2 722 Dollar für den Mustang mit einem V8. 1966 wird die Produktion des Sechszylinders eingestellt. Die Preise ändern sich nur wenig: Der Mustang mit dem schwächeren Motor (200 PS) kostet 2 416 Dollar, und für die Version mit Vierfachvergaser (270 PS) liegt der Preis bei 2 653 Dollar. Im Lauf der Jahre wird der Mustang, anfangs nur ein schlichtes, billiges kleines Fahrzeug mit einer ansprechenden Karosserie, mit immer stärkeren Triebwerken ausgestattet. 1967 beispielsweise bietet Ford einen „big block“ mit einem Hubraum von 6,4 Litern an, der 320 PS leistet, und ein Jahr später bringt Ford seinen stärksten Motor heraus, der mit einem Hubraum von 7 Litern 400 PS entfaltet. Es sei hier daran erinnert, daß die amerikanischen PS-Werte nach den SAE-Normen, d.h. an der Kurbelwelle abgenommen werden, und daß dabei Leistungseinbußen durch diverse Hilfssysteme, Klimaanlage, Kühlerventilator und vor allem durch die Kraftübertragung nicht mit einkalkuliert werden. Unter Berücksichtigung dieser von der Motorleistung abgezweigten Energie beträgt die effektiv auf die Räder übertragene Antriebskraft zwischen 25 und 40 % weniger als die angekündigte SAE-PS-Zahl.

Um einen möglichst breiten Käuferkreis zu interessieren, bietet Ford — wie gesagt — alle möglichen Zusatzausstattungen an. Verschiedene Motortypen natürlich, mechanische oder automatische Drei — und Vierganggetriebe, Zubehör zur Gestaltung des Instrumentenbretts, Mittelkonsole, elektrische Fensterheber, Drehzahlmesser und Schalensitze. Für 170 Dollar gibt es sogar ein komplettes „package“ mit Scheibenbremsen für die Vorderräder, einem fix und fertigen Instrumentenbrett und eine Spezial-Innendekoration.

Obwohl nicht mehr zum Thema der „fifties“ gehörend, sind die Mustang doch die natürliche Fortsetzung der Fahrzeuge dieser Epoche.

1965 entstand der „Mustang“. Dieses „Fastback“-Coupé 2+2 hatte den meisten Erfolg.

Das Instrumentenbrett des Mustang Cabriolets Baujahr 1965. Rechte Seite: *Der „Notchback“ mit Hardtop. Der interessanteste Motor der Serie hat einen Hubraum von 4,7 Litern.*

CALIFORNIA
SDH 470

GENERAL MOTORS

I CHROME

Century

Vorhergehende Seite : Ein Buick „Century" von 1958 auf dem Höhepunkt stilistischen Deliriums : Chromstarrend und mit dämonisch wirkenden Heckflossen.

Buick

Buick ist der Name eines Erfinders, der um die Jahrhundertwende mit industriellen Erzeugnissen, wie Badewannen, Handel trieb. Leider war der gute Mensch, der den Vornamen David trug, mit den Feinheiten der Buchführung nicht vertraut. Das kostete ihn sein Klempnergeschäft und später seinen Automobilhandel, der von General Motors im Jahr 1903 aufgekauft wurde.

Der große Mann bei GM ist ein gewisser Crapo Durant, der dagegen einen natürlichen Spürsinn für Geschäfte besitzt. Er will aus seiner Neuerwerbung das beste Mittelklassefahrzeug machen, das direkt hinter Cadillac und Lincoln kommt, ein „upper class" Fahrzeug. Das gelingt ihm auch.

1904 werden nur 37 Fahrzeuge gebaut. 1905 gehen die Geschäfte schon besser; 750 Buick verlassen das Werk. Damit steht die neue Marke an der neunten Stelle in der gesamten amerikanischen Automobilproduktion. Was den Motor betrifft, so handelt es sich nicht um den V8 oder gar um den V16 von Cadillac aus der gleichen Epoche, schon garnicht um den zukünftigen V12 dieser Marke. Die Buick erhalten erst im Jahr 1931 einen neuen Achtzylinder-Reihenmotor, der 22 Jahre lang in dieser Form gebaut wird.

Diese 22 Jahre werden wir überspringen, um unverzüglich in die „fifties" zu gelangen. Zu diesem Zeitpunkt wird der inzwischen antike Achtzylinder mit einer halbsynchronisierten Kraftübertragung — „Synchromesh" genannt — verbunden, mit der er eine vorbildliche Laufkultur entwickelt, denn, zugegeben, der Achtzylinder arbeitet geschmeidig, geräuscharm und ist stark wie ein gut funktionierender Staubsauger.

In den Dreißigern entsteht der „Century", im Jahr 1936 um genau zu sein, das erste Mittelklassefahrzeug, das die Grenze von 160 km/h überschreitet. Später erhalten die Modelle „Limited", „Roadmaster" und „Century" einen neuen Motor, zwar immer noch einen Achtzylinder, aber mit einem auf 5,2 Liter erhöhten Hubraum, mit dem er 120 PS leistet. Der kleine „Buick Special" erhält nur einen kleinvolumigen Motor (3,8 Liter, 93 PS).

1937 nimmt Buick zwei wichtige Neuerungen vor, die sehr viel später wieder auftauchen : Die Federung erfolgt allseitig durch Schraubenfedern, die den Fahrkomfort und die Straßenlage verbessern. Im gleichen Jahr kommt das halbautomatische Viergang-Getriebe mit dem Namen „Self Shifter" heraus. Kleine Verbesserungen, die aber den Wert eines Fahrzeugs ausmachen. Hinsichtlich der Karosserielinien geht Buick kein Risiko ein wie Chrysler 1934 mit dem „Airflow", bei dem erste Versuche eines aerodynamischen Stylings (streamline) gemacht worden waren. Nein, Buick ist eine solide, konservative Marke, die mit Mäßigung und per Distanz die Verrücktheiten anderer verfolgt. Allerdings hat man auch bei Buick eine kleine Schwäche : Die Größe der Fahrzeuge. Sie sind enorm, massig und beeindruckend. Sie huldigen alle der aus den „fourties" stammenden Mode des „Fastback". Es sind elegante Fahrzeuge mit vier Sitzplätzen und zwei Türen und dem besagten Fastback-Heck, bei dem der Dachaufbau stufenlos in die Heckpartie übergeht. So sehen der „Super" und der „Riviera" aus, die jeweils 1946 und 1949 auf dem Markt erscheinen. Die Neuheit des Jahres 1948 — Neuheit technischer Art — ist bei dem „Roadmaster" zu finden, dem Topmodell der Marke. An den großen Achtzylinder — von immer gleichbleibender Qualität (5,2 Liter, 114 PS bei 3 600/min) — ist ein Automatikgetriebe mit Namen „Dynaflow" angeflanscht. In dieser Epoche sind die Buick überdimensionale Schöpfungen, die als Symbol ihrer Pracht und Macht phantastische Frontpartien aufweisen, Gebilde, die aussehen wie gefletschte Zähne aus Stahl. Der gelungenste und extravaganteste Entwurf war das Modell von 1950. Diesem „Roadmaster" war nur eine zwölfmonatige Laufbahn beschieden, aber seine Silhouette sollte für die bedingungslosen Anhänger der Marke lange Zeit ein Vorbild bleiben.

Das Prestigefahrzeug der GM ist natürlich der Cadillac. Direkt dahinter kommt der Buick. Anläßlich des 50-jährigen Bestehens der Marke werden auch die Buick mit einem V8 ausgestattet. Dabei hätte ich fast vergessen, zu erwähnen, daß der 1949 erschienene, sehr attraktive „Riviera Roadmaster" mit seinen berühmten „portholes" auf den vorderen

Kotflügeln, als erstes Fahrzeug ein Hardtop erhalten hatte.
Das Luxusmodell, der „top" der Buick-Palette, ist der „Skylark", für den man den Rahmen vom „Roadmaster" verwendet hatte. Es handelt sich um ein besonders elegantes Modell, trotz seiner massig-imposanten Silhouette, die durch Drahtspeichenräder und eine in Türhöhe V-förmig geschwungene Profilkante aufgelockert wird. Man setzt große Hoffnungen in dieses Modell, und die Firmenleitung rechnet mit hohen Verkaufsziffern. Großer Irrtum. Natürlich kann der „Skylark" mit dem 5,3 Liter-Motor aufwarten, der mit einem Vierfachvergaser 188 PS leistet, aber trotz dieser spitzentechnischen Zutaten werden nur 1 690 Fahrzeuge verkauft. Grund ist der zu hohe Preis von 5 000 Dollar. Weniger anspruchsvolle, allerdings genauso große Modelle sind der „Super" und der „Roadmaster". Mit der etwas schwächeren Version des 5,3 Liter-Motors (mit einem schlichten Doppelvergaser) und einem mechanischen Getriebe, leistet der „Super" 164 PS; 170 PS mit dem Automatikgetriebe „Dynaflow". Der „Roadmaster" erhält den 188 PS leistenden 5,3 Liter-Motor mit Vierfachvergaser. Und der kleine „Spezial" behält den 4,3 Liter-Achtzylinder, der 130 magere PS entwikkelt.
Mit dem Jahr 1954 und nach dem erlauchten Vorbild der Cadillac, erliegt auch Buick dem Modetrend der aggressiven Heckflossen. Beim „Century" mit seinem 200 PS leistenden V8 wird der Kofferraum mit zwei symmetrischen, verchromten Auswüchsen geschmückt. Auch die Frontpartie mit ihren Stoßstangen in Form von Raketen sieht wie die der Cadillac aus (Century 1955).
Der Höhepunkt dieser sinnlosen, übertrieben betonten Karosseriegestaltung ist das bedeutungsvolle Jahr 1958. Die Frontpartien sind schwerfällig wie Zugbrücken, der Grill mit zahllosen kleinen, chromglänzenden Rechtecken geschmückt, die Motorhaube so breit ausladend wie ein ganzer Marktplatz und so hoch wie ein Schrank aus dem 16. Jahrhundert. Die Panorama-Windschutzscheibe hat ihre Glanzzeit und im Heck befindet sich ihr Pendant mit einer ebenso großzügig dimensionierten, ähnlich geformten Heckscheibe. Die Flanken sind allein schon ein wahres Gedicht aus glänzenden Chromteilen, eine Symphonie aus Lichtstrahlen, die sich in den Zierleisten und den anderen dekorativen Elementen brechen. Beim „Century

Ein beeindruckender Buick „Roadmaster", Baujahr 1949, ist hier vor der „Queen Mary" fotografiert. Nächste Seite: *10 Jahre später, nicht wiederzuerkennen: Der „Electra 225", ein Cabriolet von 1959, eines der Starautos der „fifties".*

Roadmaster" und dem in diesem Jahr 1958 erschienenen „Limited" ist die Heckpartie noch verrückter als der Rest. Vorne wie hinten enden die Stoßtangen zu beiden Seiten in einer Art Raketenstummel, mächtig und abwehrbereit wie Rammböcke. Die Leuchten sind im gleichen Stil : Gigantisch und metallglänzend wie teutonische Ritter im Schutz ihrer Rüstungen.
Bei den Buick-Modellen von 1958 gibt es nur „entweder — oder" : Entweder man verwirft alles in Bausch und Bogen, oder man ist ein begeisterter Anhänger dieser Ungetüme, die man hegt und pflegt und ehrfürchtig umsorgt wie die Papstkrone.
Was soll man von dieser Mode halten? Schwer zu sagen. Die Liebhaber — und davon gibt es viele in den States — pflegen ihre Fetischobjekte mit hingebungsvoller Sorgfalt, so daß die Karosserien im Licht funkeln wie tausend Sonnen, deren Strahlen im glitzernden Chrom und Lack hundertfach reflektiert werden. Buick nennt diese Mode „The Air Born B-58 Buick". Damit ist eigentlich alles gesagt : Die Unabhängigkeit des Flugzeugs, verbunden mit seiner dem Menschen dienenden Kraft.
Im folgenden Jahr nimmt die Mode einen vernünftigeren Lauf. Dabei verlieren die Fahrzeuge ihren durch das Übermaß an Chromteilen hervorgerufenen, brutalen Charakter. Wie durch Zauberhand verschwinden die verchromten Zierteile an Stoßstangen, Kühlergittern und Flanken. Dafür wachsen die Heckflossen des Buick „Elektra 225" — der auf den beiden nächsten Seiten zu sehen ist — noch etwas weiter himmelwärts. Die Linien der Frontpartie, wie ausgebreitete Schwingen über einem kosmischen Grill, verstärken diesen Eindruck. Auch hier kann man vernichtend urteilen oder bedingungslos befürworten. Ich gebe schlicht zu : Mir gefällt es. Wobei ich mir bewußt bin, daß man mich wegen Unzurechnungsfähigkeit einsperren könnte.

CALIFORNIA
LOTA RED

Cadillac

Die ereignisreiche Geschichte von Cadillac liest sich wie ein Heldenepos, dessen Anfänge ins Jahr 1902 zurückreichen und das sich mit der ganzen Dynamik erfolgreicher Unternehmen bis in die Gegenwart fortsetzt.
Anfang des Jahrhunderts war das Prestigefahrzeug, das alle Vorzüge wie Laufkultur, Endfertigung und klassische Schönheit auf sich vereinigte, der Pakkard. Ein Fahrzeug, dessen Qualitäten von niemandem in Frage gestellt wurden und das weit über den anderen Fahrzeugen lag. Etwas später ging dieses Prestige auf den „Pierce Arrow" über und Ende der zwanziger Jahre auf den unglaublichen „Duesenberg". Während der ersten drei Jahrzehnte wurden die unteren Modelle der Baureihe mit einem Vierzylinder-Motor ausgestattet, die Mittelklassefahrzeuge mit einem Sechszylinder und die majestätischen Spitzenmodelle erhielten einen Achtzylinder-Reihenmotor.
Der Cadillac bringt mit seinem Erscheinen diese mathematisch aufgebaute Hierarchie durcheinander. Das fängt schon 1915 an, als Cadillac einen prachtvollen, leistungsstarken V8 vorstellt (jawohl, schon 1915), der außerdem noch relativ wenig Platz unter der Haube einnimmt.
Im Jahr 1928 werden die Cadillac — die führende Marke bei General Motors — mit einer weiteren Neuheit versehen, an die bisher niemand gedacht hatte, ein neues Getriebe mit dem Namen „Synchromesh", das zum ersten Mal die Kraftübertragung mit einem synchronisierten zweiten und dritten Gang erleichtert. Eine wahre Revolution in einer vornehmlich auf Komfort und Zuverlässigkeit seiner Modelle ausgerichteten Industrie, in der das Bemühen um technische Vervollkommnung nicht zu den Prioritäten gehört.
Cadillac bringt in dieser Hinsicht Ordnung in die Sache. Die bisherigen technischen Verbesserungen sind aber erst ein Anfang. Im Januar 1930 stellt Cadillac auf der Ausstellung in New York ein kleines Wunderwerk vor : Einen V16, ein Monument von einem Motor. Mit einem Hubraum von 4,7 Litern und einer Leistung von 165 PS ist es, für die damalige Zeit, ein Triebwerk von unglaublicher Stärke, großer Geschmeidigkeit und vorbildlicher Laufkultur. Fast 2 500 mit diesem Motor ausgestatteten Fahrzeuge werden in einem Jahr verkauft. Leider bereitet die Wirtschaftskrise diesem Erfolg ein Ende.
Ein Jahr später bringt Cadillac seinen V12 heraus, und damit ist Cadillac in technischer Hinsicht seiner Zeit um eine beträchtliche Anzahl von Jahren voraus. Hierzu sei erwähnt, daß man sich bei Cadillac nicht nur mit dem Bau neuer Motoren begnügt, man versteht es auch, die veralteten Modelle zu verbessern. So wird der V16 aus dem Jahr 1930 acht Jahre später vollkommen überarbeitet: Die beiden im Winkel von 135° zueinander liegenden Zylinderblöcke werden wie zwei V8-Motoren behandelt. Dadurch erhöht sich die Leistung auf 185 PS bei 3 600/min.
Und wo bleiben die „fifties", höre ich fragen? Wir sind ja gar nicht bei unserem Thema!
Doch, das sind wir. Dank dieser — nur leicht angedeuteten — geschichtlichen und technischen Einleitung können wir die Karriere dieser Marke, die zu den Größten gehört, verfolgen und verstehen.
Ab 1940 wird der Bau der V12 und der V16 eingestellt, nämlich als man merkt, daß ein V8 genausoviel leisten kann, wie ein kostspieliger V16, dessen Entwicklung kompliziert ist und der doppelt so viel wiegt. Bei Ausbruch des Krieges sind alle Cadillac mit einem großen V8 ausgestattet, der bei einem Hubraum von 5,7 Litern 150 PS leistet. Das mag wenig scheinen, dabei darf aber nicht vergessen werden, daß die Fahrzeuge gleichzeitig immer mehr an Gewicht verlieren. Schon jetzt wird ein Automatikgetriebe, „Hydramatic" genannt, angeboten, sowie eine Klimaanlage. In diesem Jahr 1940 verkauft Cadillac über 66 000 Fahrzeuge, ein bis 1949 ungebrochener Rekord.
Wir nähern uns den „fifties", es fehlt nur noch ein Jahr. Ein wesentliches Jahr, in dem ein Ereignis stattfindet, das dem Cadillac-V8 eine zweite Karriere beschert. Eigentlich müßte ich von zwei Ereignissen sprechen, denn das zweite, das ich beinahe vergessen hätte, betrifft die Karosserie: Es entsteht ein neuer Stil, der in den nächsten 20 Jahren die amerikanische Automobilindustrie maßgeblich beeinflussen wird, und der in den „sixties" an seinen Extremen zugrunde geht.

1949 läßt Cadillac die Bombe platzen. Es handelt sich um einen neuen V8, bei dem man den seitlichen Ventilantrieb aufgegeben hatte. Die Nockenwelle liegt jetzt zwischen beiden Zylinderreihen, die Ventile werden über hydraulische Stößel betätigt.
Es handelt sich also bereits um einen hochmodernen Ventilantrieb. Damit leistet der neue V8 mit einem Hubraum von 5,4 Litern mehr als sein hubraumgrößerer Vorgänger (5,7 Liter) und ist noch dazu leichter. Mit Ausnahme der großen V16 der Vorkriegszeit ist dies der stärkste Motor von Cadillac, mit einer Leistung von 160 PS und einer Höchstgeschwindigkeit von 160 km/h.
Die zweite kleine Revolution betrifft den Stil, ein völlig neues Karosseriestyling, das einem gewissen Harley Earl zu verdanken ist.
Im ersten Kapitel haben wir bereits gesehen, wie dieser geniale Stilist 1947 den Kampfflieger P.38 entdeckt und dessen mächtige Luftleitflügel im Heck auf seine Karosserieentwürfe übertragen hat. Dabei wurden die Proportionen natürlich gewahrt und die Auswüchse waren noch recht klein und bescheiden. Langsam aber sicher nehmen sie größere Formen an, um ab 1956 zum wichtigen Bestandteil der Karosserien zu werden. Der absolute Höhepunkt an Originalität wird 1959 erreicht.
Anfang der „fifties“ kostet ein Coupé vom Typ 62 3843 Dollar. Ein Jahr später beläuft sich der Preis einer Limousine vom gleichen Typ auf beinahe das Doppelte eines Buick dieser Kategorie (3 648 Dollar). Das mag teuer erscheinen, aber der Preis rechtfertigt sich bei genauerem Hinsehen. Die Cadillac-Qualität ist keine Legende; sie ist durchaus reell. Sie besteht in einem besonders sorgfältigen Zusammenbau aller Einzelteile des Motors und in einer außergewöhnlichen Qualität, die bei weitem alles überwiegt, was sich in den USA sonst so auf diesem Gebiet tut.
Sicher, auch anderen Herstellern gelingt eine ähnliche Feinarbeit: Imperial zum Beispiel. Dann sind ihre Preise aber noch höher, als die von Cadillac. Pakkard ist der einzige, der bis Anfang der „fifties“ mit konkurrenzfähigen Preisen aufwarten kann. Leider sind die Pakkard-Modelle veraltet. Vor allem in technischer Hinsicht kann es ein Packard nicht mit einem Cadillac aufnehmen. Die Cadillac besitzen ein modernes Triebwerk, ein automatisches Vierganggetriebe, ein großes Angebot von Zusatzausstattungen, elektrische Fensterheber etc. Außerdem — und dieser Punkt ist in Amerika wichtig, wo jeder ein Fahrzeug mit persönlicher Note haben will — bietet Cadillac eine große Zahl von Modellen an. Bis 1951 hat der Käufer die Wahl zwischen den Serien 61, 62 60S oder 75. Innerhalb jeder Serie kann zwischen zwei- und viertürigen Limousinen, Coupés und Cabriolets gewählt werden. Der Vollständigkeit halber sei hier erwähnt, daß die Modelle der Serie 61 einen Radstand von 3,09 m haben, diejenigen der Serie 62 einen Radstand von 3,20 m, während der Radstand von 3,30 m den Luxusmodellen der Serie 60S vorbehalten ist. Die Limousinen haben den längsten Radstand mit 3,70 m. Die preisgünstigsten Cadillac gehören zur Serie 61, sie kosten 350 Dollar weniger als die meistgekaufte Serie 62. Die Produktion der Serie 61 wird im Jahr 1952 eingestellt.
Die Karosserie der Cadillac zeichnet sich durch runde Linien und eine etwas schwerfällige Silhouette mit hoher Gurtellinie aus. Abgesehen von den beiden kleinen Auswüchsen an den hinteren Kotflügelenden, die 1947 eine Revolution im Automobil-Styling darstellten, ist der restliche Aufbau von klassischer Schlichtheit. Der verchromte Kühlergrill bildet mit der breiten Stoßstange eine Einheit.
Von 1950 bis 1953, d.h. vier Jahre lang, bleibt die Karosserie unverändert, wenn man von unbedeutenden Details am Kühler und der hinteren Stoßstange absieht, aus der von 1952 an die Auspuffrohre herausragen. Bagatellen — im Vergleich zu den wesentlichen Änderungen des Jahres 1953.
Zuerst entsteht ein neuer V8, der es bei 4 150/min auf eine Leistung von 210 PS bringt. Dann erscheint der „Eldorado“, ein luxuriöses Modell der Spitzenklasse, das nur als Cabriolet gebaut wird. Wegen seines hohen Preises von 7 750 Dollar wird es nur in kleiner Serie gebaut (532 Exemplare). Das Gesamtbild des « Eldorado“ ähnelt dem der anderen Cadillac, allerdings hat er eine Panorama-Windschutzscheibe. Diese Scheibe ist die große Neuheit des Jahres 1954. Alle Fahrzeuge werden damit ausgestattet. Gleichzeitig ändert sich die Kühlerform, die länger und schmaler wird. Im gleichen Jahr 1954 wird der Motor verbessert und leistet jetzt 230 PS.
Während die gängigen Modelle ihre Karosserie bis 1956 fast unverändert beibehalten, wird für den „Eldorado“ im

Ein Cadillac Baujahr 1949. Das erste amerikanische Modell mit zunächst noch kleinen Auswüchsen auf den hinteren Kotflügeln. Unter der Haube befindet sich ein ganz neuer V8 mit einem Hubraum von 5,4 Litern und einer obenliegenden Nockenwelle, der 160 PS leistet. Rechte Seite, oben : *Ein Cadillac-Cabriolet, Baujahr 1956, mit einem 285 PS-starken Motor. Das Cabriolet „Eldorado Biarritz“ mit einem Verdeck aus Polyester und Leichtmetallfelgen. Preis : 6 500 Dollar damals.*

CALIFORNIA
946 POI

Jahr 1955 ein neuer Entwurf ausgearbeitet. Bei dieser neuen Hülle haben die wohlbekannten, runden Höcker scharfen, spitzen Heckflossen Platz gemacht. Anstelle der Drahtspeichenräder hat der „Eldorado“ Leichtmetallräder. Unter dem stattlichen Angebot von Ausrüstung und Austattung aller Art gibt es auch eine elektronische Leuchtweitenregulierung mittels einer photo-elektrischen Zelle, die je nach den Lichtverhältnissen automatisch ab- und aufblendet. Es handelt sich vor allem um eine Neuheit, die Aufsehen erregen soll, denn das System ist nicht sehr zuverlässig. Bei unterschiedlich starken Lichtquellen in nächster Umgebung spielt das elektronische Auge verrückt. Deshalb lassen viele Eldorado-Eigentümer diese photo-elektrische Zelle wieder entfernen.

Im Jahr 1957 werden die Karosserien neu entworfen. Alle Modelle erhalten die Panorama-Windschutzscheibe, schwere, geharnischte Frontpartien und Heckflossen, spitz wie Kaktusstacheln. Der serienmäßige Motor leistet 300 PS und für alle Modelle steht ein 325 PS leistendes Triebwerk zur Verfügung. Dank seiner reich bestückten Modellpalette und dem hervorragenden Finish seiner Fahrzeuge wird Cadillac in den „fifties“ die meistgekaufte Marke von Luxusfahrzeugen. Allein im Jahr 1950 baut diese Tochtergesellschaft von General Motors 100 000 Fahrzeuge. 1955 steigt diese Zahl auf 150 000, und im Jahr 1960 gelingt es Cadillac, die Grenze von 200 000 Fahrzeugen zu erreichen. Es wäre denkbar gewesen, daß die wuchtigen Karosserien und die herausfordernd aggressiven Stilelemente im Heck einen traditionsbewussten Käuferkreis, der weniger brutale Formen bevorzugt, vom Kauf hätten abhalten können. Das ist nicht der Fall, denn als Lincoln im Jahr 1964 ein klassische, viertürige Limousine herausbringt, bleiben die Verkaufsziffern von Cadillac unbeeinflußt.

Ein perfektes Beispiel für die modische Manie, die in den „fifties“ im Karosseriebau grassiert, ist die Eldorado-Baureihe von 1957. Cadillac, die Marke, die der restlichen GM-Produktion immer um ein Jahr voraus ist, bringt diesmal ein Eldorado-Cabriolet mit dem Namen „Biarritz“ heraus, ferner ein Coupé mit Hardtop, „Seville“ genannt und den berühmten „Brougham“, eine viertürige Limousine mit einem Aluminiumdach. Die Eldorado „Biarritz“ und „Seville“ haben die gleiche Frontpartie wie die anderen Cadillac, dagegen sieht das Heck ganz anders aus. Das Coupé und das Cabriolet sind mit Heckflossen geschmückt, die deutlich von den Kotflügeln abgesetzt sind und mehr Ähnlichkeit mit richtigen Fischflossen haben als mit Fischschwänzen (fishtails nach der amerikanischen Bezeichnung). Sie schwimmen in einem Meer von Wellenlinien, Chromteilen und glänzenden Heckleuchten, ein neuer Stil, der in Amerika geradezu einen Schock auslöst. Erstens, weil diese revolutionäre Ästhetik oft wie eine Herausforderung empfunden wird und zweitens, weil das Cabriolet und das Coupé den stolzen Preis von 7286 Dollar kosten, eine Summe, die nur eine Minderheit aufbringen kann.

Über 7 000 Dollar, höre ich erstaunt fragen? Wo der große Buick aus dem gleichen Jahr nur 4 483 Dollar kostet! Wo das Topmodell von Chevrolet gerade eben den Preis von 3 500 Dollar erreicht und es sogar ein Chrysler nur mit Mühe auf 5 000 Dollar bringt. Natürlich gibt es den „Continental“ von Lincoln, der im Vorjahr erschienen ist und den man für 10 000 Dollar erstehen kann.

Was hat der Cadillac für 7 300 Dollar besonderes zu bieten?

Eine ganze Menge: Einen starken Motor; ein automatisches Vierganggetriebe, bei dem der Gangwechsel fast unbemerkt bleibt; einen Innenraum, dessen Bezugsmaterial aus handgenähtem Leder besteht; elektrische Fensterheber, elektrisch zu betätigende Ausstellfenster, Kofferraumdeckel und Verdeck; einen elektrisch verstellbaren Fahrersitz; eine elektrische Uhr. Wahrscheinlich vergesse ich bestimmt noch ein paar Gadgets. Der „Eldo“ ist ein von weitem erkennbares Ungetüm mit einem furchterregenden Heck, das wie eine Fratze aussieht, das man unmöglich übersehen kann. Es ist ein 2 Meter breites und 5,60 Meter langes Fahrzeug von provozierendem Aussehen.

Und wie verhält sich der „Eldorado“ auf der Straße? Wie ein echtes Vollblut, das seine Insassen mit einer möglichen Geschwindigkeit von 200 km/h im berauschenden Gesang seiner den Asphalt verschlingenden Räder fortträgt. Ein rassiges Automobil, das auch bei Spitzengeschwindigkeit unbeirrbar geraudeaus läuft. Der „Eldo“ verfügt ferne über eine Servolenkung mit einem riesigen Lenkrad. Leider wird die Mühelosigkeit der Lenkung mit mangelnder Präzision erkauft. Die Trommelbremsen werden durch einen Bremskraftverstär-

Der „Eldorado Biarritz“, Version 1957. Er besitzt ein Automatikgetriebe (Hydra-Matic) und alle nur erdenklichen elektrischen Einrichtungen. Nächste Seite : *Das Instrumentenbrett des „Eldo Biarritz“ 1957. Oben links kann man den kleinen roten Kasten des „Autronic Eye“ sehen (automatische Leuchtweitenregulierung).*

OIL

GEN
LIGHTER
LEFT
RIGHT

Der Nachfolger des Cadillac 1959, der in stilistischer Hinsicht einen Höhepunkt darstellte, ist diese schon etwas gemässigtere Version von 1960. Allerdings verfügt auch sie noch über einen höchst originellen Kühler (unten), Heckleuchten, die aussehen wie elektrische Rasierapparate und bedrohlich agressive Heckflossen.

Cadillac

ker wirksam unterstützt. Allerdings ist es ratsam, bei hohen Geschwindigkeiten nicht zu viel von ihnen zu verlangen. Nach zwei oder drei kräftigen Bremsmanövern spürt man unter dem rechten Fuß die Grenze ihrer Wirksamkeit. Das sind immer spannungsgeladene Augenblicke, wenn man das auf vollen Touren laufende, 2,3 Tonnen schwere Ungetüm zum Stillstand bringen will. Und die Straßenlage? Das ist so eine Sache: In langen Kurven ist die Seitenneigung maßvoll, das Auto liegt noch einigermaßen. Bei Regen wird die Situation aber kritisch und es ist besser, den Gasfuß zurückhaltend zu betätigen. Und wenn man enge Kurven in rasantem Tempo nehmen will, wird das Vehikel bockig und weigert sich, die Richtung zu ändern. Gibt man zu viel Gas, zieht die große, gewölbte Motorhaube stramm geradeaus, trotz der ganz eingeschlagenen Räder. Es kommt einem vor, als könne sich das Auto vor unbändiger Heiterkeit nicht mehr halten und ginge mit seiner weichen Federung vor Lachen in die Knie.

So ist der „Eldorado".

Aber vielleicht doch nicht ganz.

Denn geht man mit ihm zivilisiert um, ist die Freude am Fahren vollkommen: Ein geschmeidiger, ruhiger Lauf, mühelose Gesten — und ab und zu eine kleine Spritze, nur so, um die Vitalität der acht Zylinder genügend würdigen zu können. Den „Eldorado" wie ein Wilder zu mißhandeln, ist ein Zeichen schlechten Geschmacks.

Ich weiß natürlich, daß für einen Europaër, der an spritzige, sportlich konzipierte Fahrzeuge gewöhnt ist, die auf den leisesten Fingerdruck reagieren, eine solche Fahrkonzeption undenkbar ist. Aber man darf die Optik eines Amerikaners nicht vergessen, die „sixty miles" — Geschwindigkeitsbegrenzung, die riesigen Städte, die sich endlos lang hinziehen und die schnurgeraden Interstates, auf denen die einzige Freude in möglichst großem Komfort liegt, der zum Träumen einlädt.

Gewiß sind fast 7 300 Dollar ein stolzer Preis für diese Art von Vergnügen. Aber das ist noch nichts gegen die 13 074 Dollar, die für einen Eldo „Brougham" hingeblättert weden müssen, der im Jahr 1957 das teuerste, in kleiner Serie gebaute Fahrzeug ist. Gerade dieses sucht GM als Konkurrenz für den Lincoln „Continental Mark II" aus. Zu den Besonderheiten des « Brougham » zählen ein Luftfederungssystem, ein besonders niedriger Dachaufbau, ein Handschuhfach, dem Parfümdüfte entströmen (Arpège) und eine einzigartige Front, im Gegensatz zu den anderen Cadillacmodellen. Dieses Luxusfahrzeug wird 1958 noch in den Staaten gebaut. In den nächsten beiden Jahren übernimmt der italienische Karosseriehersteller den handwerklichen Zusammenbau. Darunter leidet die Qualität, obwohl man eher das Gegenteil vermutet hätte. Der Preis bleibt unverändert hoch. Im Jahr 1959 werden 99 Fahrzeug gebaut, im nächsten Jahr 101. 1960 wird die Produktion eingestellt; genau am Ende der „fifties", als wolle man damit deutlich machen, daß der Eldorado nur für diese Epoche bestimmt war.

Die restliche Produktion des Jahres 1958 ist ziemlich uninteressant. Die Karosserien haben die gleichen Auswüchse im Heck wie die Eldorado von 1957, dafür leistet der Motor jetzt 310 PS. Das Fahrwerk war unverändert geblieben und weist die gleichen Schwächen und Vorzüge seiner Vorgänger auf. Die Frontpartie war neu entworfen worden. Von 1950 bis 1956 zeichnet sich die Silhouette der Cadillac vor allem durch runde, geschwungene Linien und eine gewölbte Motorhaube aus. 1957 ändert sich diese Tendenz etwas, um 1958 einem ganz neuen Stil Platz zu machen. Jetzt ist die Motorhaube wieder flach und fällt in einem scharfen Winkel zum Kühler ab. Ein rechteckiger Kühler, der mit der Stoßstange eine Einheit bildet und bereits auf den Entwurf — eine Art Apotheose — von 1959 hinweist. Die Frage ist, ob es sich um Genialität oder schlechten Geschmack handelt.

Diejenigen, die das letztere meinen, ironisieren voller Spott und wenden sich verächtlich ab. Die anderen, denen dieser Stil gefällt, wagen entweder nicht, es zu sagen, oder sie sagen ihre Meinung laut und vernehmlich. Und da gibt es allerhand zu verkünden, denn diese Cadillac von 1959 gehen in die Geschichte ein mit ihrem doppelten Kühlergrill, doppelten Stoßstangen und Heckflossen, bei deren Anblick man ein Gefühl im Genick hat wie bei einem Elektroschock. Der Stil dieser Cadillac ist wirklich der Höhepunkt des stilistischen Deliriums und gleichzeitig des Erfolgs, denn die Modelle 1959 und 1960, weit davon entfernt allgemeines Mißfallen zu erregen, werden ausgesprochen gut aufgenommen. Der serienmäßige Motor leistet 325 PS und eine Version mit 345 PS wird wahlweise angeboten.

Nächste Seite: *Hier kann die Entwicklung im Karosseriestil beobachtet werden.* Oben links: *Ein „Fleetwood", Serie 60-S.* Unten: *Das Cabriolet von 1960.* Rechte Seite: *Eine Heck-Perspektive des Cadillac, Jahrgang 1959. Eine Apotheose im Karosseriestyling.*

Chevrolet

Die Brüder Chevrolet, geborene Schweizer, dachten in den ersten Jahren dieses Jahrhunderts bestimmt nicht im Traum daran, daß ihr Name einmal zu den Großen der amerikanischen Automobilindustrie gehören würde. Sie wanderten nach Amerika aus und arbeiteten dort in einem Stahlwerk. Bald darauf fingen sie an, Ersatzteile für Automobile herzustellen. Das Geschäft florierte und die Familie beschloß, nach dem Vorbild von Henry Ford, selbst Automobile zu bauen.
Mit der Absicht, Ford direkt Konkurrenz zu machen, bringt Chevrolet — 1918 von General Motors übernommen — 1929 ein besonders preisgünstiges Modell mit dem Werbeslogan „Ein Sechszylinder für den Preis eines Vierzylinders" heraus. Ein gewichtiges Argument! Leider strotz der neue Sechszylinder nicht gerade vor Kraft; er gibt seine 50 PS bei 2 600/min. ab. Trotzdem nimmt das Publikum den neuen Chevrolet günstig auf, zumal die Firma im Jahr 1931 bereits zwölf Versionen seiner Modelle anbietet. Das genügt, um jedermann zufriedenzustellen Außer den traditionellen Limousinen gibt es in der Chevrolet-Baureihe eine attraktive offene Version, „Landau Phaeton" genannt und einen „Sport Roadster", die alleine jedoch nicht genügen, um die Produktionsanlagen voll auszulasten. Das populärste Modell der dreißiger Jahre ist der „Couch" mit zwei Türen, von dem in der Version „Master" 165 000 und in der Version „Standard" 70 000 Fahrzeuge gebaut werden.
Das Jahr 1934 bringt für die Modelle der Marke etliche Verbesserungen. Es handelt sich zwar nicht um revolutionäre Neuheiten, aber da sie bei Chevrolet nicht allzu dicht gesät sind, wollen wir ihnen die nötige Beachtung schenken. Es handelt sich vor allem um ein „Knee Action" genanntes System, d.h. einzeln aufgehängte Vorderräder, welche die traditionelle Starrachse ablösen. Außerdem erhöht sich die Motorleistung auf 80 PS, mit denen das Fahrzeug — nach Werksangaben — eine Höchstgeschwindigkeit von 130 km/h erreichen soll, was allerdings ziemlich optimistisch erscheint.
Kleine Verbesserungen machen oft die Klasse eines Fahrzeugs aus und sind bestimmend für seine Karriere. Chevrolet ist eine Marke, die gut beim Publikum ankommt. Im Jahr 1941 zum Beispiel erreicht der „Town Sedan" die Rekord-Verkaufsziffer von 228 000 Fahrzeugen. Außerdem finden 219 000 „Master de Luxe" und 156 000 Coupés „Special de Luxe" Abnehmer, ohne die 80 000 verkauften Coupés „Master de Luxe" zu vergessen. Vom technischen Standpunkt aus gesehen, bieten alle diese Modelle keine besonders interessanten Lösungen; es sind für die untere Mittelklasse bestimmte Tourenwagen, die häufig zu Berufszwecken gebraucht werden. Jedenfalls geht es der amerikanischen Automobilindustrie in dieser Zeit glänzend.
Nach dem Krieg fällt diese bisher regelmäßig wachsende Produktionskurve rapide ab. 1945 baut Ford nur 37 800 Fahrzeuge, während Chevrolet, dessen Produktion 25 000 Fahrzeuge nicht übersteigt, dicht dahinter liegt. Chrysler und Nash können nur 6 000 ihrer Modelle absetzen und die restliche Automobilproduktion ist nicht der Rede wert.
Aber diese Flaute ist eine Konsequenz des Zweiten Weltkrieges und hält nicht an. Schon 1947 steigt die Produktionskurve wieder steil an. General Motors nimmt mit 1 400 000 Exemplaren die Führungsposition ein, gefolgt von Chrysler (780 000) und Ford (755 000). Damit wird deutlich, welchen unerbittlichen Konkurrenzkampf sich die drei großen herstellerfirmen liefern, vor allem, wenn man weiß, daß ein einziges, weniger gelungenes Modell inmitten der enorm vielfältigen Baureihe jedes Konstrukteurs genügt, um den hart erkämpften Platz wieder zu verlieren.
Anfang der „fifties" haben die Chevrolet immer noch ihren Charakter von billigen Fahrzeugen der unteren „middle class". Woher stammt dieser Ruf? Weil — im Gegensatz zu Ford — noch kein einziger Chevrolet mit einem V8 ausgestattet ist; weil bei Chevrolet gerade erst die „Power Glide" — Getriebeautomatik entwickelt worden war und schließlich, weil die Luxusmodelle der Marke hinsichtlich der Fertigungsqualität weit hinter den Rivalen gleicher Kategorie zurückstehen.
Von 1946 bis 1950 kommt der „Fastback"-Stil in Mode, den Chevrolet „Fleetline" nennt. Diese Silhouette verliert allmählich an Aktualität, bis 1952 nur noch 37 000 Fahrzeuge dieses Stils

gebaut werden. Schade! In der Chevrolet-Baureihe der „fourties“ und angehenden „fifties“ war es sicher das originellste Modell.
In den Jahren zwischen 1950 und 1952 behalten die Chevrolet weiter ihren Charakter billiger Massenfahrzeuge. Abgesehen von der 1950 herausgebrachten Zweigang-Getriebeautomatik ist der restliche technische Aufbau leicht überholungsbedürftig. Man findet immer noch den alten Sechszylinder, den „stove bolt six“ mit seinen 92 PS bei 3 400 Touren; allerdings schaffen die mit der „Power-Glide“ Automatik ausgerüsteten Fahrzeuge ein Leistungsplus von 13 PS (105 PS), und das bei 3 600/min. Soweit die Technik.
Trotzdem sollte man Chevrolet nicht unterschätzen. Mit dem Armeleute-Charakter ihrer Fahrzeuge bietet die Firma als Gegengewicht unschlagbare Preise. Deshalb übertreffen ihre Verkaufsziffern diejenigen aller anderen Firmen. 1950 bringt Chevrolet ein Coupé mit einem Dachaufbau ohne Dachstreben heraus, dem gleich bei seinem Erscheinen ein eklatanter Erfolg zuteil wird. 76 000 Exemplare dieses Modells werden im gleichen Jahr verkauft, im nächsten Jahr 103 000, eine Zahl, welche die Ford und Plymouth der gleichen Kategorie in den Schatten stellt.
Mit der Absicht, das Prestige seiner Fahrzeuge etwas aufzumöbeln, nimmt Chevrolet im Jahr 1952 einige Verbesserungen vor — unbedeutende Verbesserungen, wenn ich mir diese Kritik erlauben darf. Es handelt sich um ein neues Lenkrad, 26 Farbnuancen für die Karosserie, weichere Stoßdämpfer, die den Fahrkomfort verbessern, eine Startautomatik für Fahrzeuge mit automatischem Getriebe, neue Motoraufhängungen, welche die Motorvibrationen neutralisieren und schließlich diverse zweifarbige Innenausstattungen, die den Spitzenmodellen vorbehalten bleiben. Im Jahr 1952 ist der preisgünstigste Chevrolet für 1 530 Dollar zu haben, während die Topmodelle („Bel Air de Luxe“ und „Styleline de Luxe“) für 2 250 Dollar angeboten werden.
Die Dinge ändern sich im Jahr 1953. Zuerst entschließt sich die Firmenleitung, die Karosserielinien zu überarbeiten. Die Vorkriegssilhouette verschwindet und macht gestreckteren, moderneren Linien Platz, die neben den Pontiac noch immer etwas veraltet erscheinen. Dabei sind die Stilmodifikationen alles andere als unbedeutend. Die geteilte Windschutzscheibe ist verschwunden und die Frontpartie ist flacher. Einige

1953 wurden alle Chevrolet-Modelle neu entworfen. Das hier gezeigte Coupé bekam endlich eine durchgehende Windschutzscheibe.
Nächste Seite : *Das sehr attraktive Coupé „Bel Air“ von 1955. Es leistet je nach Typ des Motors, zwischen 136 und 180 PS.*

Ein Chevrolet-Coupé aus dem Jahr 1955 mit einer schlichten, fast schon einfallslosen Frontpartie.

Stilelemente der Vorgänger sind jedoch auch hier wiederzufinden, wie das Heck mit seinen runden Formen und den kleinen Leuchten, sowie die bauchigen, unmodern aussehehenden hinteren Kotflügel. Gleichzeitig erscheint ein neuer Sechszylinder. Aber wo bleibt der V8? Mit einem relativ kleinen Hubraum von 3,8 Litern leistet der neue Motor zwischen 108 und 115 PS bei 3 600/min. Um die neue Baureihe deutlich zu kennzeichnen, gibt Chevrolet den Fahrzeugen neue Namen : Der „Special" nennt sich jetzt „One Fifty" und der „De Luxe" wird zum „Two Ten". Der „Bel Air" behält seinen Namen und bleibt das Spitzenmodell.
1955 ändert sich nicht viel bei den Chevrolet, die immer irgendwie fade und uninteressant aussehen, obwohl der Kühlergrill und die Heckleuchten eine neue Form erhalten haben. Das Hauptanliegen der Firmenleitung besteht in einer konstanten Verbesserung des Innenraumkomforts, was die Firma eine „kybernetische Atmosphäre" nennt. Was man sich darunter genau vorstellen soll, ist schwer zu sagen. Wenn ich recht verstanden habe, will man dem Fahrer das Leben erleichtern. So findet er eine angenehm weiche Lenkung vor (ohne Lenkhilfe), eine automatische Kraftübertragung (schon lange bekannt), einen Hebel zur Regelung der Innentemperatur, einen Druckverschluß für das beim öffnen automatisch erhellte Handschuhfach, einen Zündschlüssel, mit dem beim Anlassen gleichzeitig die Startautomatik betätigt wird, einen elektrisch regulierbaren Fahrersitz, elektrische Fensterheber und allerlei sonstige automatische Spässe, die als Köder für Kauflustige dienen sollen.
Wie man sieht, bringen die Chevrolet im Jahr 1954 nichts wirklich Neues. Es geht langsam voran. Es wäre auch dumm, die alten Gewohnheiten mit einem Schlag über den Haufen zu werfen, denn dank der einträglichen Produktionspolitik von Chevrolet, die solide, unkomplizierte und damit preisgünstige Fahrzeuge auf den Markt bringt, steht General Motors 1954 an erster Stelle der amerikanischen Automobilhersteller mit 2 870 000 Fahrzeugen gegen 1 680 000 bei Ford. Chrysler ist mit 720 000 Exemplaren schon lange kein gefährlicher Konkurrent mehr. In die restliche nationale Produktion teilen sich Studebaker (85 000 Fahrzeuge), Nash (63 000), Hudson (32 000), Packard (28 000), Willys (11 000) und Kaiser (5 800).
Das heißt nicht, daß das Erfolgsrezept darin besteht, sich diskret zurückzuhal-

ten und mit drei Zügen Verspätung hinter allem Neuen herzulaufen, um den unbemittelten Massen zu gefallen. Nein, wesentlich ist, im richtigen Moment das Richtige anzubieten. Genau das tut Chevrolet vor allem 1955, ein denkwürdiges Jahr in der Firmengeschichte, in dem Chevrolet erstmals einen V8 herausbringt. Es handelt sich um eine richtige kleine Palastrevolution, einen frischen Wind, der mit den veralteten Prinzipien aufräumt. Wie wir gleich sehen werden, stellt dieser V8 wirklich das zentrale Ereignis der Firma mit den niedrigen Preisen und großen Serien dar.
Dieser V8 wurde von Ed Cole entworfen, einem Ingenieur, der sein Leben damit verbrachte, V8-Motoren zu studieren. Der Motor sollte robust, unkompliziert im Aufbau und billig in der Herstellung sein. Das Resultat zählt zu den größten Erfolgen in der Geschichte der Automobiltechnik. Dieser Motor wird als der haltbarste, jemals gebaute V8 angesehen, der Tausende von Meilen ohne jeden Defekt arbeitet.
Ed Cole, der in einer Firma tätig ist, in der Rentabilität und Wirtschaftlichkeit höchste Gebote sind, ist es außerdem gelungen, einen leicht zu reparierenden Motor zu entwerfen, falls zufällig doch einmal ein Teil ersetzt werden muß. Es ist ein „small block" mit einem Hubraum von 4,3 Litern, bei dem Bohrung und Hub in besonders günstigem Verhältnis zueinander stehen, was diesen V8 zum leichtesten Motor mit dem kürzesten Hub macht. Er ist noch leichter als der alte Sechszylinder. Schließlich gestatten ihm seine Konzeption hohe Drehzahlen und bisher noch nie dagewesene Leistungen. In diesem Jahr 1955 bringt er es bei 4 400/min. auf 162 PS. Oder mit geändertem Zylinderkopf und einem Vierfachvergaser auf 180 PS bei 4 600/min. Er wird bald zum idealen Basismodell für den Super V8.
Im nächsten Jahr baut Chevrolet ihn in die „Corvette" ein, wo er ohne große Modifikationen 220 PS leistet. 1957 entsteht eine Ableitung dieses V8, wieder ein „small block", mit einem Hubraum von 4,6 Litern und einem Einspritzsystem. Ed Cole entwickelt gleichzeitig einen „big block" mit einem Hubraum von 5,7 Litern, der 1958 wahlweise zur Verfügung steht. Jedenfalls erlangt der 4,6 Liter-Motor wegen seiner fast unbegrenzt scheinenden Entwicklungsmöglichkeiten und seiner Leistungen große Berühmtheit.
1955 findet also die Premiere des V8 statt. Aber Chevrolet hat damit noch nicht alle Trümpfe ausgespielt. Alle Modelle der Baureihe werden völlig neu eingekleidet. Die Karosserien sind mit ihren reinen Linien, mit klassischen und leichten Kühlergittern sowie ihren harmonischen Proportionen so gut gelungen, daß die Chevrolet als die attraktivsten Fahrzeuge der „fifties" angesehen werden könen. Der „Bel Air" wird als Coupé mit Hardtop angeboten oder als Cabriolet, dessen Schlichtheit und harmonische Linienführung durch eine Zweitonlackierung unterstrichen wird. Für andere Bedürfnisse gibt es den „Nomad", einen zweitürigen Break, dessen Hecktür mit Chromleisten verziert ist. Dieses Modell wird ausgewählt, um die Marke auf dem „500 Meilen-Rennen" von Indianapolis zu vertreten.
Im nächsten Jahr bleibt die Karosserielinie unverändert, und nur Detailmodifikationen an der Front und den Heckleuchten unterscheiden die Modelle dieser Jahre voneinander. Der viertürige „Bel Air" mit Hardtop wird für den Preis von 2 329 Dollar angeboten; eine Klimaanlage steht wahlweise zur Verfügung. Der gefragteste Chevrolet bleibt jedoch der „Nomad", den das Stylingcenter als eine geglückte Mischung beider Fahrzeugtypen ansieht. 8 530 „Nomad" werden im Jahr 1955 verkauft; im nächsten Jahr finden 8 103 Fahrzeuge Abnehmer und 1957 noch 6 534.
Bei Chevrolet, wo man um keinen Preis hinter den neuen Karosserieentwürfen zurückstehen will, die Ford und Plymouth 1957 herausbringen, überarbeitet man ebenfalls seine gesamte Baureihe.

Was für ein Unterschied zwei Jahre später! Dieser Chevrolet von 1957 erhielt eine vollkommen neue Front. Kühlergrill und Stoßstange bilden eine Einheit und nehmen die ganze Fahrzeugbreite ein.

Der attraktive Chevrolet Break „Nomad" von 1956 mit zwei Türen. Man beachte die originelle Dekoration der Hecktür.
Rechte Seite : *Die Version des Jahres 1957.*

Chevrolet

SAN RAFAEL
CALIFORNIA
APR
342 PNN
THE MOTORCAR COMPANY LTD

Der „Impala" Baujahr 1960 gehört mit seinem Möwenschwingen-Profil im Heck zu den gelungensten Entwürfen der „fifties". Er unterscheidet sich vom „Biscayne" und dem „Bel Air" durch seine jeweils drei Heckleuchten.

Das seit 1955 vertraut gewordene Profil des Dachaufbaus bleibt unverändert, während Front und Heck neu gestaltet werden. Der Kühler nimmt die ganze Fahrzeugbreite ein, und der Kofferraum ist mit zwei schnittigen Heckflossen verziert. Die Heckleuchten sitzen senkrecht unterhalb der Flossenkante, zu beiden Seiten der Stoßstange. Bei den Triebwerken gibt es nichts Neues; das stärkste bleibt der 4,6 Liter-Motor mit 270 PS. Damit beschleunigt der „Bel Air" mit Hardtop in 9,9 Sekunden von 0 auf 60 miles/hour (96,5 km/h), für die Viertelmeile (402 m) braucht er nur 17,5 Sekunden; seine Höchstgeschwindigkeit liegt bei 110 miles/hour (177 km/h).

Im Jahr 1958 wandelt sich das Aussehen der Chevrolet von neuem. Ihr Erscheinungsbild ist jetzt niedriger, wesentlich breiter und länger, aber vor allem schwerfälliger; sie wiegen auch tatsächlich mehr als ihre Vorgänger. Neben dem „Bel Air", der mit gleichbleibendem Erfolg weiter gebaut wird, tauchen zwei neue Modelle auf, der „Biscayne" mit einem serienmäßigen Sechszylinder-Reihenmotor, der mit einem Hubraum von 3,8 Litern 145 PS leistet und eine Luxusversion, die sich „Impala" nennt. Für sie waren zwei Motorversionen entwickelt worden, ein 185 PS starker 4,6 Liter-Motor und ein „big block", der mit einem Hubraum von 5,7 Litern 280 PS entwickelt.

Allerdings ist es nicht nur Leistung, was die „Impala"-Käufer suchen. Der „big block" bringt es zwar auf 185 km/h Höchstgeschwindigkeit, aber die restlichen technischen Merkmale sind weniger vorbildlich : Die Federung ist zu weich, die Lenkung nicht präzise genug und die Bremsen verlangsamen zwar das Tempo, aber zum Anhalten bedarf es anderer Geschütze. Nein, die Käufer des „Impala" wünschen vor allem viel Platz im Innenraum, wirksame Federungen, die alle Unebenheiten der Straße glätten und eine überdurchschnittliche Detailpflege. In diesem wirtschaftlich schwierigen Jahr gelingt es Chevrolet, trotz des bei der Mehrzahl der großen Konstrukteure unverkennbaren Produktionsrückgangs, 1 200 000 Fahrzeuge zu verkaufen, von denen allein 60 000 Exemplare auf den „Impala" entfallen. Der Break „Nomad" steht immer noch auf dem Produktionsprogramm, allerdings hat er jetzt nicht mehr zwei, sondern die klassischen vier Türen.

Chevrolet, die Marke, die sich lange abseits der großen Stilrevolutionen gehalten hatte, um einen sogenannten „festen" Kundenkreis nicht zu brüskieren, Chevrolet, die „vernünftige" Marke, die genauso vernünftige Fahrzeuge baute, paßt sich 1959 der allgemeinen Mode an, und dabei geht sie nicht gerade sanft vor. Der neue Chevy ist ein riesiges Fahrzeug mit einem ebenfalls riesigen Kofferraum, hinten mit gewaltigen „gull wing tails" — Möwenschwingen — genannten Luftleitflügeln. Auch hier läßt sich über den Geschmack strei-

Blick auf das besonders gut bestückte Instrumentenbrett des „Impala". Nächste Seite: *Ein prachtvolles Cabriolet „Impala", das im kalten, grünen Licht einer schwedischen Nacht fotografiert wurde.*

ten, aber diejenigen, denen dieser Entwurf nicht gefällt, müssen zugeben, daß die Silhouette des „Impala" 1959 das Gegenteil der damaligen amerikanischen Automobilproduktion darstellt.
Hier gibt es keine bedrohlichen, senkrecht aufsteigenden Auswüchse, die aussehen, als wollten sie dem erstbesten unvorsichtigen Passanten den Bauch aufschlitzen. Hier sind die Konturen flach und die Linien harmonisch. Ich würde nur noch zu einem damals kursierenden Spruch hinzufügen, daß nämlich das Heck des „Impala" nicht nur so aussieht, als könnte ein kleines Flugzeug bequem im Kofferraum unterkommen, sondern daß er auch ohne weiteres als Start — und Landeplatz dienen könnte.
In diesem neuen Frontstyling befinden sich über dem Kühler zwei messerscharfe, schmale Einlaßöffnungen. In diesem Jahr kosten die Chevrolets zwischen 2 160 und 3 009 Dollar. Für den letzteren Betrag kann man sich ein „Impala"-Sportcoupé leisten, mit dem man bestimmt nicht als Verkehrshindernis angesehen wird.
Im Jahr 1960 ist bei Chevrolet weniger die Rede von gigantischen Ausmaßen, alles verschlingenden Kühlerschlünden und verheerenden Heckleuchten. Alles nimmt gemäßigtere Formen an, abgesehen von den Möwenschwingen, die jetzt in der Mitte unterbrochen sind. Der Kühler zeigt wieder ein klassisches Muster. Trotz seiner über 5,50 m langen Fahrzeuge kehrt man bei Chevrolet zu einer gewissen Schlichtheit zurück. Die Triebwerke werden jedoch stärker: Der erste Motortyp, ein Sechszylinder, hatte gerade eben 135 PS geschafft, während das „Impala"-Sportcoupé mit einem 335 PS leistenden Motor ausgestattet ist, der endlich eine Geschwindigkeit von 200 km/h erreicht.
Selbst Chevrolet hatte sich der Heckflossenmode und der Tendenz zu ständig höheren Geschwindigkeiten nicht entziehen können. Allerdings hat diese Erfahrung bei der Marke mit den klassisch bescheidenen Modellen nur zwei Jahre gedauert, eine relativ kurze Zeitspanne, im Vergleich zu den anderen Firmen.

TUNNELBANA
CHEVROLET

IMPALA

Das Nummernschild bringt es an den Tag: „63 VAIR" bedeutet „Corvair" Baujahr 1963. Sein Kompressor-Motor, ein luftgekühlter Sechszylinder-Flachmotor, bringt es auf 150 PS.

Corvair

Beim „Corvair" handelt es sich um ein Modell der Chevrolet-Baureihe. Das mag unwahrscheinlich klingen, wenn man die Geschichte der verschiedenen Chevrolet-Marken nicht kennt. Vor allem, wenn man noch die endlos langen Fahrzeuge der „fifties" vor Augen hat. Aber Anfang der sechziger Jahre macht sich ein Umschwung in der amerikanischen Automobilkonzeption bemerkbar. Man beginnt, Modelle zu bauen, die sparsamer im Gebrauch sind, zumindest verlangt ein Teil der Amerikaner diesen neuen Fahrzeugtyp. Der VW Käfer und der Renault 4 waren auch hier nicht unbemerkt geblieben.
Damit beginnt, was man als die Epoche der „Kompakt"-Wagen bezeichnen kann. Der erste Konstrukteur, der den Plan in Wirklichkeit umsetzt ist Studebaker mit dem „Lark". Dann ziehen auch die anderen nach : Ford mit dem „Falcon", Chrysler mit dem „Valiant" und GM mit dem „Corvair". Leider ist dem „Corvair" jedoch keine glänzende Laufbahn bestimmt. Nach mehreren Eignungstests verkündet der Rechtsanwalt Ralph Nader in einem aufsehenerregenden Gutachten, daß es sich um ein gefährliches Fahrzeug handle. Die Insassen müßten mit Unfällen rechnen. Überflüssig zu bemerken, daß ein solcher Start der Karriere des „Kleinen" nicht gerade förderlich ist und der Kundschaft nicht das nötige Sicherheitsgefühl gibt. Dabei weiß das Publikum die Silhouette des Neuankömmlings zu schätzen, ebenso wie seine Heckmotor-Konstruktion, ein luftgekühlter Sechszylinder-Boxermotor mit einem typischen Geräusch.
Was das Publikum weniger schätzt, ist die geringe Leistung dieses Motors. Der kleine Sechszylinder verfügt nur über einen Mini-Hubraum von 2,3 Litern, mit denen er seine 80 PS bei 4 400/min. abgibt. Das ist so gut wie gar nichts, vor allem im Vergleich zu einem 1960 herausgebrachten Prototyp, „569 Sedan" genannt, dessen 5,7 Liter-Version mit Leichtigkeit 250 PS entwickelt.
Der kleine „Corvair"-Motor ist mit einen schlichten, mechanischen Dreiganggetriebe verbunden. Noch mehr an diesem Modell ist dürftig : Der Innen-

raum ist wenig attraktiv, das Instrumentenbrett wenig originell. Dafür ist es der Preis umso mehr : Das Basismodell „500“ kostet fast 2 000 Dollar, genauso viel wie ein großer Chevrolet. Auch das trägt nicht zum Verkaufserfolg bei Schuld daran ist aber vor allem die vielkritisierte schlechte Straßenlage, durch den weit über die Hinterachse hinausragenden, besonders schweren Heckmotor verursacht. Das resultiert in einem starken Übersteuerungseffekt.
Allerdings ändert sich die Lage, d.h. der Misserfolg, ein Jahr später mit einem Schlag, als die Firma wahlweise ein mechanisches Vierganggetriebe anbietet. Damit fängt die eigentliche Laufbahn des „Corvair“ erst richtig an.
Dabei darf man sich keine falschen Vorstellungen machen. Auch jetzt ist der „Corvair“ in technischer Hinsicht noch bescheiden genug. Aber auch auf diesem Gebiet ändern sich die Dinge, als Chevrolet 1962 seinen „Spider Monza“ mit Kompressormotor herausbringt, der nur zwei Jahre lang gebaut wird.
Die Karosserie bleibt unverändert, dafür leistet der aufgeladene Motor jetzt 150 PS. Außerdem verfügt der Spider über ein elektrisch zu betätigendes Verdeck und ein reich mit Meßgeräten bestücktes Instrumentenbrett. Allerdings ist der Preis wieder zu hoch : 2 800 Dollar für das Basismodell, zuzüglich der Aufpreise für die Zusatzangebote. Mit einem Schlag läßt die Begeisterung nach und in dreijähriger Produktionsdauer finden nur 40 000 Fahrzeuge Abnehmer.
Dabei fehlt es dem Spider nicht an Qualitäten : Seine Beschleunigungswerte zum Beispiel sind vorbildlich : 0-60 miles/hour in 11 Sekunden. Die Höchstgeschwindigkeit liegt bei 180 km/h, ein bisher jenseits des Atlantiks mit einem so kleinen Fahrzeug noch nicht erreichtes Resultat.
Leider hat dieses beangstigende Tempo auch seine Schattenseiten : Die erste betrifft den Motor. Es ist unmöglich, lange diese Spitze von 100 km/h einzuhalten oder das Getrieb zu sehr zu strapazieren — das wäre das Endes des Motors. Außerdem lassen der Geradeauslauf sehr zu wünschen übrig und die Straßenlage, trotz der härter eingestellten Federung, einer neuen Lenkgeometrie und eindeutig negativem Sturz der Hinterräder.
Die zweite „Corvair“-Generation erscheint 1965 mit überarbeiteter Karosserie. Ohne überflüssige Chromteile hat das Fahrzeug eine wirklich elegante Silhouette. Die attraktivsten Modelle sind die 1965 und 1966 erschienenen Fahrzeuge. Sie zeichnen sich durch ein besonders komplettes Instrumentenbrett, eine originelle, aber schlichte Außendekoration, einen luxuriösen Innenraum und vor allem durch einen 140 PS leistenden Motor von größerer Lebensdauer aus. Diese 140 Pferdestärken sind einem völlig neu entworfenen Sechszylinder-Boxermotor zu verdanken, der von vier Vergasern gespeist wird. Gegen einen Aufpreis von 158 Dollar steht der Kompressor-Motor weiter wahlweise zur Verfügung. Damit ausgestattet, ist das Coupé für 2 519 Dollar und das Cabriolet für 2 665 Dollar zu haben.
Dieses für amerikanische Verhältnisse nette kleine Auto steht 1969 am Ende seiner Laufbahn, ohne daß ihm ein wirklich eindeutiger Erfolg zuteil geworden wäre.

Die Heckleuchten des „Corvair“ 1963. Eine neue Karosserie folgt 1965, aber 1969 wird die Produktion eingestellt.

20 40 60 80 100 120 140 160
LIGHTER
LOCK OFF ON START
ENGINE

Das Cabriolet „Corvair" von 1963 mit der serienmäßigen Ausstattung. Sein Motor leistet nur 95 PS und das Instrumentenbrett hat nicht die sportlich-elegante Note des Turbo-Modells. Das Verdeck wird von Haud, also nicht elektrisch, betätigt.

Corvair

Corvette

Die Glanzzeit der europäischen Sportwagen waren zweifellos die fünfziger Jahre. Drei Länder kämpfen um die Führungsposition im Bau der besten Sportwagen : England, Deutschland und Italien. Es ist die ruhmreiche Epoche der „24 Studen von Le Mans“, der großen Dauerrennen, der berühmten Rallyes wie der „Alpenpokal“ oder „Lüttich — Rom — Lüttich“. Daran nimmt eine ganze Armada einander durchaus ebenbürtiger Hochleistungsfahrzeuge teil, aber nicht ein einziges amerikanisches Modell.
Was nicht heißt, daß sich der Generalstab von Detroit nicht für Wettkämpfe dieser Art interessiert. Bereits 1951 faßt Harley Earl, Stilist bei General Motors und Erfinder der Heckflossen, die 1948 zum ersten Mal bei den Cadillac auftauchen, den Entschluß, ein Fahrzeug mit sportlicher Note zu bauen, oder, um genauer zu sein, ein für die Jugend bestimmtes, kleines Fahrzeug mit sportlichen Leistungen zu entwickeln. Ein unkompliziertes und preiswertes Modell, das nicht mehr als 1850 Dollar kosten soll. Um sich ein genaues Bild von der Nachfrage nach einem solchen Fahrzeug machen zu können und seine Wirkung beim Publikum richtig einzuschätzen, entschließt er sich mit einem Teil seines Teams, wozu auch der geniale Motorspezialist Ed Cole gehört, auf der „Motorama Show“ 1953 die „Corvette“ vorzustellen, einen echten Sport-Zweisitzer.
Ende Mai 1952 macht sich das Team also an die Arbeit. Eine richtige Schwerarbeit, denn die Zeit drängt und Harley Earl will, daß die „Corvette“ schon bei Eröffnung der Ausstellung bereit steht. Mehrere Entwürfe werden angefertigt — keiner fällt zur vollen Zufriedenheit des Mister Earl aus. Deshalb beauftragt er einen gewissen Mac Lean mit dem Projekt, der für diesen Entwurf eine ziemlich originelle Arbeitsmethode anwendet: Anstatt das Modell an der Frontpartie anzufangen — wie allgemein üblich — macht er sicht zuerst ans Heck. Sein Ziel dabei ist, eine ästhetisch gelungene Heckpartie zu schaffen, in der sich natürlich das Hinterachsgetriebe befindet, und die beiden Sitze so weit hinten wie möglich unterzubringen, um damit eines der Konstruktionsprinzipien der englischen Sportwagen zu verwirklichen : Zwei möglichst dicht an der Hinterachse liegende Sitze und davor eine ellenlange Motorhaube, unter der sich die Kraftquelle befindet.
Von dieser Basis ausgehend, entwirft Mac Lean die erste Silhouette der „Vette“, deren Formen Harley Earl auf Anhieb gefallen. Das Projekt wird streng geheim gehalten und erhält den Codenamen „Opel“, der selbst den neugierigsten Schnüffler in die Irre führen soll.
Es kommt natürlich nicht in Frage, eine Karosserie aus Stahlblech anzufertigen, einfach weil dem Team die Zeit dafür fehlt. Für die Entwicklung des „Corvette“ stehen nur ein paar Monate zur Verfügung : Rahmen, Karosserie und Antriebseinheit — glasfaserverstärkter Kunststoff ist dafür ein leicht und schnell zu verarbeitendes Material. Auf diese Weise kann das Entstehen einer kleinen Montagestraße im Chevrolet — Werk in Michigan mit einer Produktionskapazität von drei Fahrzeugen pro Tag ins Auge gefaßt werden.
Damit ist das Fahrzeug aber noch lange nicht fertig. Der Rahmen und alle inneren Organe fehlen noch. Im Hinblick darauf verfügen die Ingenieure über recht bescheidene Voraussetzungen. Sie reichen aber aus, um das Geschöpf auch von diese Seite anzupacken : Es soll ein zuverlässiges, leistungsfähiges Sportfahrzeug werden, das über ausgezeichnete Fahreigenschaften verfügt und zu dessen Herstellung die vorhandenen Serienbauteile verwendet werden.
Dazu wird ein Spezialrahmen nach dem Leiterprinzip gebaut, der in der Mitte durch einen X-förmigen Querträger verstärkt wird und so verwindungsfrei ist. Die Hinterachse ist alles andere als originell. Es handelt sich um eine schlichte Starrachse mit Halbelliptikfedern, ohne eine Querstabilisator, auch nicht an der Vorderachse. Im Grunde richten die Ingenieure von Chevrolet ihr Hauptaugenmerk auf das Triebwerk, denn es gibt keinen geeigneten Motor, der für die „Corvette“ stark genug wäre. Man entschließt sich daher, den alten Sechszylinder-Reihenmotor wieder hervorzuholen, mit dem alle Modelle der Chevrolet-Baureihe seit den „fifties“ ausgestattet sind. Er leistet in den Versionen des Baujahres 1953 108 oder 115 PS bei 3 600/min. Damit gibt sich das Team allerdings nicht zufrieden. Ed Cole

Die „Corvette" von Chevrolet aus dem Jahr 1958 ist an ihren Doppelscheinwerfern und an den Lufteinlässen zu beiden Seiten des Grills zu erkennen. Der serienmäßige Motor leistet 230 PS! Nächste Seite : *Auch aus dieser Perspektive hat die „Corvette" vollendete Linien, ohne den allgemein üblichen Chromballast. Trotzdem kann sich dieser rassige und schnelle Sportwagen nur schwer neben dem viersitzigen (seit 1958) Ford T-Bird behaupten.*

erhöht zuerst das Verdichtungsverhältnis von 7,5 auf 8,0 : 1. Dann überarbeitet er den Ansaugtrakt und die Auslaßwege, die Nockenwelle und eine ganze Reihe sonstiger Details. Die wichtigste Änderung betrifft die Gemischaufbereitung. Für einen Ansaugkrümmer aus Aluminium montiert er drei Einfachvergaser vom Typ Carter. Derart aufgemöbelt, bringt es die alte Mühle auf 150 PS bei 4 200 Touren.

So wird die erste „Corvette" innerhalb weniger Monate für ihne erste Show im Januar 1953 fertiggestellt.

Das Publikum begutachtet und prüft. Die „Corvette" wird ein Mißerfolg. Anstelle der 300 geplanten Fahrzeuge, können nur 185 Exemplare in den letzten sechs Monaten des Jahres 1953 verkauft werden.

Dieser Mißerfolg hat mehrere Gründe : Zuerst der Preis. Im Stadium der Konzeption hatte Harley Earl das Auto für 1 850 Dollar verkaufen wollen. Fix und fertig kostet es schließlich 3 490 Dollar. Außerdem wollte er ein Auto für die Jugend bauen — einen „youth cult". Aber bei diesem Preis ist von „youth cult" ebensowenig die Rede, wie von Rotwein im Weihwasserbecken. Da das nicht zieht, greift Earl auf die Idee der Marktforscher zurück, die das neue Modell als Lieblingsfahrzeug für Filmstars, VIPs oder nationale Persönlichkeiten auf den Markt bringen wollen. Auch das erweist sich als Fehlkalkulation. Das Fahrzeug weicht zu sehr vom bisher Dagewesenen ab. Außerdem hat es noch einen anderen Mangel : Seine Leistungen halten nicht, was seine Erscheinung verspricht und was eigentlich seine Bestimmung sein soll. Kurz und gut, von den 10 000 Fahrzeugen der Verkaufsprognose werden 1954 nur 4 000 gebaut und davon finden nur 2 800 Exemplare Abnehmer.

Damit ist das „Corvette"-Projekt vorerst ins Wasser gefallen und die Firmenleitung um eine Illusion ärmer geworden. Trotz allem weigert sich Ed Cole, das Projekt aufzugeben. Um der „Corvette" zu einem zweiten Start zu verhelfen, wendet er sich kurz vor dem Erscheinen des „Thunderbird", des direkten Rivalen vom „Corvette", an einen Belgier russischer Abstammung mit Namen Zora Arkus Duntov. Der Erfolg des Ford-Modells bestärkt Ed Cole in seinem Vor-

PITTSBURG
AUG
CALIFORNIA
DJS 333
WINTER
RONDA

Die „Corvette Stingray" erscheint 1963. Dieses große Coupé zeichnet sich durch eine zweiteilige Heckscheibe aus, die im folgenden Jahr wieder die klassische Form aufweist.

haben, der „Corvette" zum gleichen Erfolg zu verhelfen.
Das erste, was Duntov — Ingenieur und Testpilot — unternimmt, ist eine Probefahrt. Dabei stellt er fest, daß Verschiedenes zu ändern ist. Das Auto hat eine deutliche Übersteuerungstendenz, der Lenkung fehlt es an Präzision aber vor allem müssen die Fahrleistungen erheblich verbessert werden. Was das Fahrwerk betrifft, so verkürzt Duntov die hinteren Halbelliptikfedern und bringt vorne einen starken Querstabilisator an, der die Neigungsstabilität des Fahrzeugs verbessert. Dann baut er den V8 ein, der sich schon seit Monaten bei Chevrolet in der Entwicklungsphase befindet. Neben dem alten Sechszylinder, eine wahre Antiquität, fällt die Leistungssteigerung damit nicht schwer. Der von Ed Cole entwickelte V8 ist ein „small block" mit einem Hubraum von 4,3 Litern und 195 PS Leistung, an den ein mechanisches Dreiganggetriebe gekoppelt ist. Damit wird die „Corvette" ausgesprochen spurtfreudig und beschleunigt in 9 Sekunden von 0 auf 60 miles/hour.
Trotz dieser wesentlichen technischen Verbesserungen, die von außen allerdings nicht sichtbar sind, erweist sich auch das Jahr 1955 noch kritisch für die „Corvette". Nicht mehr als 700 Fahrzeuge werden verkauft, was ärgerlich, ja unerklärlich ist, wenn man an den uneingeschränkten Erfolg des „Thunderbird" denkt. Aber bei Chevrolet gibt man sich nicht so leicht geschlagen. Man ist felsenfest davon überzeugt, daß der Erfolg des kleinen Sportwagens dicht bevorsteht. Daher wird 1956 keine Mühe gescheut, um der „Corvette" den Weg zum Ruhm zu ebnen. Zuerst wird die Karosserie völlig neu entworfen, denn die alte Silhouette scheint nicht dem Publikumsgeschmack zu entsprechen. Die sportliche Note wird durch eine aggressivere Linienführung noch mehr betont. Die beiden Heckleuchten, die aussehen, wie mit Flügeln versehene Miniaturbomber, verschwinden. Der Kühlergrill mit dem Zähnemuster wird beibehalten, aber die Scheinwerfer sitzen nicht mehr vorne an den Kotflügelspitzen. An den Flanken tauchen Zierleisten auf (warum, weiß der Himmel) und die Heckleuchten sind in den Kotflügeln integriert.
Mit diesem neuen Profil hat die „Corvette" an Klasse gewonnen, eine Klasse, die mit der Eleganz des Mercedes 300 SL wetteifern soll. Leider wird der vom äthetischen Standpunkt übrigens gut gelungene, aber anti-funktionelle Entwurf des Instrumentenbretts beibehalten, das so unübersichtlich ist, daß der Fahrer die endlose Reihe von Zifferblättern nicht richtig ablesen kann.
Auch in technischer Hinsicht wird eini-

ges getan. Der Sechszylinder und das Automatikgetriebe (die bisher wahlweise angeboten worden waren), verschwinden vom Produktionsprogramm. Der 4,3 Liter — V8 wird beibehalten, aber verbessert. Höher verdichtet (9,25:1) und mit zwei Vierfachvergasern bringt es das Auto auf 225 PS. Mit einem mechanischen Dreiganggetriebe wirkt das Ganze schon ziemlich sportlich.
Der Vollständigkeit halber seien hier die Leistungen einer von Duntov speziell für die „Daytona" — Rennstrecke vorbereiteten „Corvette" angegeben : Über 240 km/h Höchstgeschwindigkeit. Ein Serienfahrzeug braucht 7,5 Sekunden, um von 0 auf 60 miles/hour (96,5 km/h) zu beschleunigen.
Aber für Mister Zora Arkus Duntov ist das noch nicht genug. Er will es noch besser machen, als diese verflixten europäischen Sportwagen mit ihren bisher unschlagbaren Leistungen. Die „Vette" soll noch stärker werden; dafür sorgt ein Einspritzsystem, d.h. ein schon seit zwei Jahren in Entwicklung befindliches System der Kraftstoffversorgung. Die Verwirklichung ist allerdings mit Schwierigkeiten verbunden — entweder arbeitet der Motor schlecht oder überhaupt nicht. Nach langen Bemühungen gelingt es endlich, aus einem 4,6 Liter-Triebwerk 250 PS hervorzuzaubern. Mit dem Tuning-Paket „high Performance", zu dem u.a. eine „special Duntov" genannte Nockenwelle und ein auf 10,5:1 erhöhtes Verdichtungsverhältnis gehört, leistet der Motor sogar 280 PS. Leider kostet das 480 Dollar, deshalb werden 1957 auch nur 240 „Corvette" damit ausgestattet. Das Serienmodell kostet 3 437 Dollar. In diesem Jahr hat das kleine Sportfahrzeug mehr Erfolg als im Vorjahr : 6 339 Exemplare finden ihre Abnehmer. 1958 hat die „Corvette" mit einer neuen Karosserie an Charakter verloren. Abgesehen von einer seitlich auf die Flanken übergreifenden Stoßstange, hat das Heck seine runden Formen behalten. Dafür hat die Frontpartie nach der Meinung einiger Fanatiker an Eleganz verloren. Mit den vier Scheinwerfern (das ist gerade große Mode) und zwei falschen Lufteinlässen zu beiden Seiten der wuchtigen Stoßstange wirkt sie schwerfälliger als vorher. Die Motorhaube ist mit „louvers" verziert, dekorativen Elementen, die wie Luftschlitze aussehen. Heck und Front fehlt es an einheitlicher Linienführung. Diese Silhouette bleibt bis 1960 fast unverändert. Gleichzeitig mit der Karosserie wird 1958 auch das Instrumentenbrett neu entworfen. Es ist meisterhaft gelungen und hat eine sehr attraktive Skaleneinteilung. Es ist zwar noch nicht perfekt übersichtlich (beim Drehen des Lenkrads können einige Zifferblätter nicht abgelesen werden), aber doch so attraktiv, daß man diese kleinen Mängel leicht verzeiht. Durch eine Mitterkonsole wird das Cookpit in zwei Haïften unterteilt.
Unter der Haube gibt es wenig Neues. Der Einspritzmotor leistet jetzt 290 PS und eine „special Duntov" genannte Version 270 PS. Diese neue Modell kostet 3 631 Dollar, d.h. 119 Dollar mehr als die 1953 erschienene erste „Corvette".
In den Jahren 1959 und 1960 bleibt die Gesamterscheinung des Modells die gleiche wie 1958, also ohne wesentliche Modifikationen. Dafür bietet die Firma immer mehr Zusatzausstattungen an, so daß der Preis eines 3 875 Dollar kostenden Serienmodells von 1959 mit allen zur Wahl stehenden Angehoten auf rund 5 000 Dollar ansteigt.
Die Verkaufsprognose von 10 000 Fahrzeugen für das Jahr 1959 erweist sich als zu optimistisch, obwohl der direkte Rivale des „Corvette", der viersitzige „T-Bird" 100 000 begeisterte Käufer findet.

Nächste Seite : *Die Armaturen der „Corvette" 1958 — eine einmalige Architektur! Die Kontrollen sind in einer Gruppe zusammengefasst. Der halbkreisförmige Meilenzähler (bis 160 Meilen) liegt gut im Blickfeld des Fahrers, darunter befindet sich der Drehzahlmesser.*

CHEVROLET
CORVETTE

DEFROSTER PULL
FAN
AIR
TEMP.

Oldsmobile

Es wird höchste Zeit, von Vater Olds zu sprechen.
Ohne ihn gäbe es mitten in der Geschichte der amerikanischen Automobilindustrie ein gähnendes Loch.
Vater Olds trug den Namen Ransom Eli Olds. Lange vor der Jahrhundertwende baute er schon Dampfmaschinen und diverse elektrische Apparaturen. 1897 gründete er die „Olds Motor Vehicle Company". Alles was sich bewegt, interessierte ihn. Nach zahlreichen Versagern und halben Erfolgen baute er sein erstes Automobil, das er Oldsmobile nennt, und mit dem er von 1903 bis 1905 die höchsten Verkaufsziffern erzielte. Danach entglitten ihm die Zügel seines Geschäfts, das vom berühmten William Crapo Durant aufgekauft wurde, der 1908 mit Buick zusammen General Motors gründete.
Das wären die wichtigsten Fakten. Daneben gibt es andere, nicht weniger wichtige Ereignisse : Im Jahr 1915 baut Oldsmobile, zur gleichen Zeit wie Cadillac, einen V8-Motor. 1922 wird die Produktion dieses Meisterwerks eingestellt. Die Meinungen darüber gehen auseinander : Einige sind von der Überlegenheit des V9 überzeugt, andere ziehen den schweren, platzraubenden Achtzylinder-Reihenmotor vor.
1931 gibt es bei Oldsmobile nur einen einzigen Motortyp, einen wenig attraktiven Sechszylinder, der mit dem „Synchromesh"-Getriebe, das die Gangschaltung erleichtert, eine sympathischere Note erhält. 1932 stellt Oidsmobile stolz einen neuen Achtzylinder mit Startautomatik vor; nichts Besonderes für die heutige Zeit, womit auch deutlich wird, daß es sich um keine moderne Erfindung handelt.
Die Jahre vergehen. Sie vergehen sogar recht gut, denn Oldsmobile schwankt zwischen dem 4. und 9. Platz im Verkauf von Fahrzeugen aller Kategorien. Die Olds sind unkomplizierte, solide Fahrzeuge, deren Zuverlässigkeit von niemandem in Frage gestellt wird. Verbesserungen werden nicht haufenweise und überstürzt, sondern mit Bedacht im Lauf der Jahre vorgenommen. So stellt die Firma 1934 zum ersten Mal das „Knee Action Wheel" vor, ein System mit einzeln aufgehängten Vorderrädern. Es handelt sich um eine wichtige Verbesserung, die von den Käufern entsprechend gewürdigt wird. Dann tauchen die hydraulischen Bremsen auf, mit denen das Blockieren der Räder — ein mit den Seilzugbremsen häufig vorkommendes Ärgernis — vermieden und das Nachstellen der Bremsen vereinfacht wird. Es sei dazu bemerkt, daß diese Neuheiten bei allen GM-Marken etwa zur gleichen Zeit auftreten, obwohl jede ihre eigene Leitung hat.
Im Jahr 1937 verfügt die Firma noch nicht über ein eigenes Automatikgetriebe, dafür erhalten die Fahrzeuge eine „Automatic Safety Transmission", eine Art halbautomatisches Getriebe. Das richtige Automatikgetriebe erscheint zwei Jahre später — 1939 — unter dem Namen „Hydra-Matic-Drive" und wird wahlweise zum erstaunlich niedrigen Preis von 77 Dollar angeboten.
Bei Ausbruch des Krieges zählt die Oldsmobile-Baureihe sechs Modelle : Den „Special 66-6", den „Special 66-8", den „Dynamic Cruiser 76-6", den „Dynamic Cruiser 76-8", den „Custom Cruiser 96-6" und den „Custom Cruiser 98-8". Dazu sei bemerkt, daß die Fahrzeuge seit Gründung der Firma als Typenbezeichnung eine Nummer tragen, der ein Name beigefügt wird. Bei den letzten Ziffern handelt es sich um die Zylinderzahl, was sich von selbst versteht.
Und wieder stoßen wir auf den zwei Meter großen Harley Earl, den berühmten Stilisten von General Motors. Er ist schon seit langen Jahren bei GM tätig. 1948 entwirft er den ersten Olds im Pontonstil, d.h. mit Kotflügeln, die im Fahrzeugrumpf integriert sind. Dieser neue Olds bekommt den Namen „Futuramic" und die Seriennummer 98. Das Fahrzeug hat schlichte Linien, eine stark gewölbte Windschutzscheibe und einen Kühler der aussieht, als mache er einen Schmollmund; eine Form, die bis 1955 bestehen bleibt.
Der 98 ist das Topmodell von Oldsmobile. Die Version Cabriolet ist zum Preis von 2 160 Dollar erhältlich, während die Serienlimousine nur 1 385 Dollar kostet. Trotz dieses Preisunterschieds werden 50 % mehr „Futuramic" verkauft als das unterste Serienmodell. Nur schade, daß dieser erfolgreiche „Futuramic" nichts Besseres als den traurigen Achtzylinder-Reihenmotor mit seitlichem Ventilantrieb aufzuweisen hat. Es handelt sich zwar um ein solides, robustes Triebwerk

Detail der Instrumentienung eines „Olds 88" aus dem Jahr 1950. In dem halbkreisförmigen Meilenzähler sind die Kontrollen für Kühlwassertemperatur, Benzinstand, Batterieladung und den Öldruck untergebracht.

mit erfreulicher Laufkultur, alles zugegeben, und was es sonst noch an erfreulichen Eigenschaften aufzuweisen hat, aber hinsichtlich der Leistung bleibt Einiges zu wünschen übrig.
Im Jahr 1949 erscheint bei Oldsmobile endlich ein V8, eine gelungene Konstruktion, die das Basismodell für alle späteren Motoren wird.
Dieser V8, der es mit Leichtigkeit auf 135 PS bringt, wird in den Typ 88 und 98 eingebaut, die damit zu wahren Schrecken der Freeways werden. Nichts und niemand kann ihnen widerstehen, es sei denn die Cadillacs und auch nur hinsichtlich der Höchstgeschwindigkeit, denn für blitzartige Beschleunigungen sind sie zu schwer. Außerdem ist dieser „Rocket" genannte Motor von vorbildlicher Laufkultur. Der Olds 88 wird zum Symbol des schnellen und anzugsstarken Fahrzeugs. Es ist imstande, in nur 20 Sekunden (!) von 0 auf 60 miles/hour zu spurten, was vor allem für die damalige Zeit einen kaum glaublichen Rekord darstellt. Man bedenke, 1949! Die Spitzengeschwindigkeit liegt bei 147 km/h mit einem mechanischen Getriebe, während das automatische Getriebe mit langer Achsuntersetzung 160 km/h schafft. Eine tolle Leistung!
Im Jahr 1951 begeht die Firmenleitung einen kleinen Fehler : Alle Olds, die seit den dreißiger Jahren mit Schraubenfedern an allen vier Rädern ausgestattet waren, erhalten jetzt schlichte Halbelliptikfedern für die Hinterachse. Allerdings werden sie gleichzeitig mit großkalibrigen Querstabilisatoren bestückt, was allein schon Gold wert ist.
Jedenfalls erweist sich die Verbindung vom Modell 88 mit dem überquadratischen „Rocket"-Motor als Bombenerfolg. Bei den NASCAR-Rennen (National Association for Stock Car Automobile Racing) erringen diese Oldsmobile fast alle Siege. Der ca. 200 kg (leichtere 88 im Vergleich zum 98) ist unglaublich spritzig. Von den im Jahr 1949 ausgetragenen neun NASCAR-Rennen gewinnt der Oldsmobile allein sechs. Im nächsten Jahr bricht das Fahrzeug mit einer Durchschnittsgeschwindigkeit von über 160 km/h den Geschwindigkeitsrekord von Daytona in seiner Kategorie.
Auf den „Ovals"-Rennstrecken gewinnt es 10 von insgesamt 19 Rennen, und im nächsten Jahr 20 von 41.
Es ist wohl überflüssig zu betonen, daß sich diese Rennerfolge günstig auf die Verkaufsziffern auswirken. 400 00 Fahrzeuge werden im Jahr 1950 verkauft. Im gleichen Jahr wird die Karosserie völlig überarbeitet. Diesmal erhalten alle

Dieses Coupé von Oldsmobile mit seinen eleganten, runden Formen stammt aus dem Jahr 1950. Die Kotflügel sind schon mit kleinen, verchromten Auswüchsen „à la Cadillac 1949“ verziert. Rechte Seite : *Das Modell von 1958, das mit seinem Chromballast einem geharnischten, teutonischen Ritter gleicht. Hier mit der Ausstattung „Continental Kit“.*

Oldsmobile

FTB
237

FTB
237

Die Front eines 1955 neu entworfenen Olds „Starfire". Der Motor ist ein 185 PS leistender V8.

Modelle der Baureihe eine neue Silhouette. Die hinteren Kotflügel werden Bestandteil des Fahrzeugrumpfes und die geteilte Windschutzschreibe verschwindet. Abgesehen vom Kühlergrill, der immer noch wie ein Schmollmund aussieht, sehen die neuen Linien denen der Buick-Modelle erstaunlich ähnlich. Die Version 98 kostet zwischen 1 719 und 2 772 Dollar. 1951 erscheint ein Übergangsmodell, der „Super" mit einem Radstand von 3,0 m, wie der des 88. Alle diese Modelle erhalten von nun an den „Rocket"-Motor, dessen Leistung mit einem zum ersten Mal in einen V8-Motor eingebauten Vierfachvergaser von 135 PS auf 160 PS ansteigt („Quadri-Jet"). Außerdem steht das „Hydramatik"-Getriebe mit einem wahlweise angebotenen, „Super" genannten 3. Gang zur Verfügung, mit dem eine Spitze von 160 km/h erreicht werden kann. Zu diesem Zeitpunkt bietet Oldsmobile seinen Kunden eine automatische Leuchtweitenregulierung mit dem Namen „Autronic Eye" an (bei Cadillac 1953), die je nach den herrschenden Lichtverhältnissen automatisch auf- und abblendet. Warum ein solches Gadget? Weil den Herstellern aufgefallen ist, daß viele Fahrer ungern auf Abblendlicht umschalten. Um das Geblendetwerden zu vermeiden, entwickeln sie dieses jahrelang sehr umstrittene System.
Bis 1953 finden bei Oldsmobile keine großen stilistischen Änderungen statt. Man begnügt sich mit Detailmodifikationen. Die einzige interessante Neuheit ist der „Fiesta 98", ein in kleiner Serie hergestelltes Modell von besonderer Ferti-

gungsqualität. Die Lederbezüge des Innenraums sind handgenäht, und für die Karosserie steht eine Zweitonlackierung u.a. in effektvollem Cremeweiß, Dunkelrot und in klassischem Türkisgrün zur Verfügung. Beim „Fiesta" gibt es keine Sonderangebote, denn er hat bereits alles Wünschenswerte serienmäßig: Lenk- und Bremshilfen, den inzwischen wohlbekannten V8 mit einem Hubraum von 5 Litern, einem Verdichtungsverhältnis von 8,5:1 und einer Leistung von 170 PS, und schließlich eine Klimaanlage. Ich erinnere daran, daß Oldsmobile als einer der ersten 1941 eine Klimaanlage entwickelte.

In diesem Jahr 1953 geht ein bestimmter Karosseriestil zu Ende, und mit ihm der 5 Liter-Rocket-Motor, der im Augenblick im Modell 88 150 PS leistet, in den „Super"-Modellen 88 und 98 165 PS und im „Fiesta" 170 PS.

Im Jahr 1954 werden die Karosserien wieder neu entworfen: Es entsteht eine neue Frontpartie mit zwei Gebilden, die wie Flammenwerfer aussehen, eine Panorama-Windschutzscheibe und kleine, weit hervorragende Heckleuchten. Gleichzeitig erscheint eine Version 98 mit dem Namen „Starfire", ein exklusives Modell zum Höchstpreis von 3 249 Dollar.

Der 5 Liter-Rocket-Motor wird auf 5,3 Liter erhöht und gibt in der Version 88 seine 170 PS bei 4 000/min ab. Bei gleicher Tourenzahl leistet der Motor in den Versionen „Super 88" und „Super 98" 185 PS, eine Leistung, die dank langer Achsuntersetzung hohe Spitzengeschwindigkeiten möglich macht.

1955 bleiben die Karosserien im großen und ganzen unverändert, nur der Kühlergrill sieht jetzt weniger nach einer schmollenden Grimasse aus. Der V8 leistet im Basismodell 88 diesmal 185 PS, während die beiden „Super"-Versionen 202 PS entfalten. Das „Starfire"-Cabriolet setzt seine Laufbahn als Topmodell fort und verfügt jetzt serienmäßig über elektrische Fensterheber, elektrisch regulierbare Sitze, eine elektrische Uhr und eine elektrische Scheiben-Waschanlage.

Im nächsten Jahr taucht eine neue Front auf, die diesmal an ein offenes Fischmaul erinnert. Der alte 5,3 Liter-Rocket T 350 schafft im Basis-Modell 88 jetzt 230 PS, die er einer höheren Verdichtung (9,25:1) und einem Doppelvergaser verdankt; die beiden „Super" leisten 240 PS mit Vierfachvergasern.

Einschneidende, aber wenig glückliche Änderungen stilistischer Art finden 1957 statt. Die neuen Karosserien sind nun wuchtige, schwerfällige Erscheinungen. Das gewollt elegante Coupé „Starfire 98" wirkt besonders unverdaulich, natürlich mit einem dreiteiligen Heckfenster und einem riesigen, schwerfälligen Kühlergrill der aussieht, als wolle er Menschen verschlingen.

Noch bemerkenswerter ist, was sich beim neuen „Rocket J2"-Motor tut. Oldsmobile will seine Vorrangstellung im Bau leistungsstarker und schneller Wagen nicht verlieren. Deshalb bringt es der „Rocket J2" mit einem 6 Liter-Hubraum und drei Doppelvergasern auf den phantastischen Wert von 300 PS! Seit 1950 haben auch die Olds an Gewicht zugenommen; trotzdem bleiben sie gefährlich spritzig, erreichen mühelos 200 km/h und beschleunigen in weniger als 8 Sekunden von 0 auf 60 miles/hour.

Wie gesagt, die Linien der Olds machen einen etwas veralteten, schwerfälligen Eindruck. Sie sind von Seiten der Stilisten (Harley Earl steht dicht vor seiner Pensionierung) häufiger Kritik ausgesetzt. Trotzdem halten sich die Verkaufsziffern weiter auf schwindelnder Höhe: 400 000 Fahrzeuge pro Jahr, womit Oldsmobile den vierten Platz unter allen amerikanischen Marken einnimmt.

Wenn man die Jahre 1958 und 1959 vergleicht, fällt es schwer, den absoluten Höhepunkt im übertriebenen Karosserie-Styling zu bestimmen. Jedenfalls lassen die Hersteller in diesen beiden Jahren ihrer Phantasie freien Lauf. 1958 erscheint ein Olds mit einem derart überladenen, chromglänzenden Heck, daß man eine Bergsteiger-Sonnenbrille braucht, um es sich in aller Ruhe im vollen Sonnenlicht anzusehen. Die roten Heckleuchten sehen aus wie die heißen Düsen einer Boeing. Und die Modelle von 1959? Vier Scheinwerfer und spitze Blinkleuchten im Kühlergrill, eine prachtvolle, chromgerahmte, gewölbte Windschutzscheibe und ein Heck à la Pontiac, genauso geharnischt und abwehrbereit, stark genug, um ein ganzes Panzerregiment aufzuhalten. Und um diese Massen von Metall mit der Gewalt eines Geschosses vorwärtszubewegen, entfaltet der „big Rocket" nunmehr 315 Pferdestärken und die kleineren Versionen 240 PS.

1961 wird dieser Motor durch den „Skyrocket" ersetzt, der bei 4 600/min 325 PS entfaltet. Er ist für die Modelle der Jahre 1961 und 1962 bestimmt, die sich durch ein spitz zulaufendes Heck und eine rechteckige Front auszeichnen.

Nächste Seite: *Der typische Fall eines perfekt wiederhergestellten Starautos der „fifties". Dieses Oldsmobile Cabriolet „Starfire" von 1955 ist sozusagen fabrikneu.*

CALIFORNIA
013 WUQ

Pontiac

Pontiac ist eine kleine Stadt nördlich von Detroit, im Staat Michigan. Im Jahr 1907 bedient sich eine Firma dieses Namens, die „Pontiac Buggy Company". Später, d.h. 1926, wird Pontiac, wie Chevrolet und Buick, eine Tochtergesellschaft der General Motors Company.
Das wichtigste Ereignis in der Geschichte der Marke findet 1924 mit dem Bau eines V8 statt, der bis 1932 zum Ruhm des Namens Pontiac beiträgt. Aus unerfindlichen Gründen wird der gute alte V8 zu diesem Zeitpunkt zugunsten eines — wie es heißt, unvergleichlichen — Achtzylinder-Reihenmotors aufgegeben. Dann entschließt sich die Firmenleitung erst wieder 1955 dazu, einen neuen V8 zu entwickeln, als alle anderen großen Marken bereits ihre Modelle mit diesem Motortyp ausgestattet haben. Es sei hier noch bemerkt, daß Pontiac als erster 1937 einen „Woody Station Wagon" auf den Markt bringt.
Bis 1952 sind die Pontiac an ihren runden, ausladenden Formen erkennbar, an den vier Chromleisten auf der Motorhaube und am Markensymbol, einem Indianerkopf in der Mitte des Kühlergrills. 1948 wird das „Hydra Matic" Getriebe wahlweise angeboten, 1949 erscheint die Serie „Chieftain" auf dem Markt, und 1950 entsteht der zweitürige „Catalina" mit Hardtop. Hinsichtlich des Karosseriestils ist in den nächsten Jahren wenig Fortschritt zu verzeichnen. Der Leser muß sich bis 1954 gedulden, bevor das Heck überarbeitet und mit zwei kleinen Entenflügelchen verziert wird. Diese stilistische Neuheit läßt sich noch recht bescheiden an, ist aber nur ein Vorgeschmack der erstaunlichen Stilblüten der kommenden Jahre. Die Händler der Marke, naiv wie Dreijährige, glauben, daß endlich ein V8 die alten Sechs- oder Achtzylinder ersetzen würde, von denen die Kunden langsam genug haben. Aber dieser Wunsch geht noch nicht in Erfüllung.
All die lieben Leute, die bis 1954 vergeblich auf einen neuern V8 gewartet hatten, werden 1955 zufriedengestellt. Der neue Motor nennt sich „Strato Streak", hat einen Hubraum von 4,7 Litern und leistet 180 PS. Die alten Sechs- und Achtzylinder gehen den Weg alles Irdischen. Um die neue Mühle auch richtig zur Geltung zu bringen, werden zwei neue Karosserieserien gebaut : Die Serie „Star Chief" (Radstand 3,15 m) und die Serie „Chieftain" (Radstand 3,0 m).
Bis 1956 ist die Gesamterscheinung der Pontiac wenig originell. Es sind große, schwere und solide Fahrzeuge. Allerdings macht der „Strato Streak" Fortschritte: Sein Hubraum wird auf 5,2 Liter vergrößert. Mit einem Doppelvergaser leistet er 205 PS, mit einem Vierfachvergaser bringt er es auf 227 Pferdestärken.
Und dann kommt das Jahr 1957 — ein für alle Konstrukteure bedeutungsvolles Jahr, in dem der Karosseriestil phantastische Blüten treibt. Bei Pontiac wird ein Höchstmaß an Erfindungsgeist entfaltet: Die Kotflügel nehmen furchterregende, aggressive Formen an, als seien sie Wirklichkeit gewordene Ausbrüche von Laster und Leidenschaft. Die Heckleuchten sind von breiten, drei- oder vierzackigen, spitz zulaufenden Wülsten umgeben. Die Frontpartie strotzt nur so von Chromteilen. Wieder werden die Motoren verbessert — eine Notwendigkeit, wenn sie die Automobilgiganten mit der nötigen Kraft zum fernen Horizont befördern sollen! Der „Strato Streak" leistet — je nach Version — 252 oder 270 PS.
Aber die große Neuheit, die ganz Amerika in Aufregung versetzt, ist das Cabriolet „Bonneville". Ein einmalig schönes Fahrzeug, das 5782 Dollar kostet und von dem allerdings im Jahr 1957 nur 630 Exemplare gebaut werden. Natürlich verfügt es auch über einen Supermotor mit einem 6 Liter-Hubraum, der in der Einspritz-Version 310 PS leistet, etwas weniger mit dem Vergasermotor. Amüsant dabei ist, daß die Version mit den drei Vergasern für die Viertelmeile (402 m) nur 16,8 Sekunden braucht, während der Einspritzmotor dafür 18 Sekunden benötigt. In diesem Jahr 1957 werden 343 000 Pontiac verkauft.
1958 sinkt diese Zahl auf 220 000 Fahrzeuge. Die neue Karosserie hat es in sich! Sie fängt mit einer wuchtigen, gut proportionierten Frontpartie an, in der vier mit Chromblenden versehene Scheinwerfer über einer Stoßstangen-Kühlereinheit von gigantischen Ausmaßen sitzen; die Pracht geht an den Flanken weiter, wo in Höhe der Gürtellinie eine Dekoration thront, die aussieht, wie

eine zufällig kleben gebliebene Miniaturrakete, von der zwei spitz zulaufende Chromleisten ausgehen. Zwei weitere Chromleisten ziehen sich bis zum Heck hin, wo die obere in den doppelten Heckleuchten ausläuft, und die untere an der Stoßstange endet. Den Kofferraumdeckel zieren schmale Leisten, die über dem in Druckbuchstaben angebrachten Schriftzug „Bonneville“ auslaufen.
Das Instrumentenbrett ist nicht weniger rasant mit seinen verchromten, zylinderförmig hervorragenden Skalenscheiben — ein wirklich gelungener Entwurf. 1958 wird das Cabriolet „Bonneville“ als „Pace Car“ für das „500 Meilen-Rennen“ von Indianapolis gewählt. Die anderen Pontiac-Modelle leisten zwischen 240 und 255 PS. Die Firma bietet außerdem ein „Air Ride“ genanntes, pneumatisches Federungssystem an, das mit einem kleinen Kompressor in Verbindung steht.
Im Jahr 1959 brennt das Werk ab, das die Automatikgetriebe „Hydra Matic“ herstellt. Deshalb werden die Pontiac vorübergehend mit dem „Powerglide“ oder dem „Turboglide“ ausgestattet. Die Firma bietet drei verschiedene V8-Versionen an : Den 280 PS leistenden 5,7 Liter „Super Strato Flash“, eine 250 PS leistende 5,5 Liter-Version und den „Strato Flash“, der mit seinem Hubraum von 4,6 Litern entweder 230 PS oder als „Mickey“ 185 PS leistet. Aber alle diese Zahlen sind uninteressant im Vergleich zu den neuen Linien der Pontiac — sie sind einfach umwerfend, super, einmalig! Die Front ist schlicht, sieht aber äußerst bedrohlich aus, eine zähnefletschende Grimasse. Was das Heck betrifft, so hat noch nie ein Konstrukteur Ähnliches gewagt : Zuerst eine Stoßstange, eine richtige, wirkungsvolle, 40 Zentimeter hohe, die an beiden Seiten in eine Art U-Boot-Rammsporn ausläuft. Darüber befinden sich chromgerahmte, ovale Bremsleuchten. Und schließlich die schrecklichen, unmenschlichen Heckflossen in Torpedoform. Ich finde, daß es sich bei diesen Heckflossen um die phantastischste Realisation der „fifties“ handelt.

Ein Vier-Sterne-Coupé „Bonneville“ von Pontiac mit dem Modell-Namen „Star Chief“. Chromteile und überraschende Auswüchse gibt es hier massenweise. In den Jahren 1958-59 lassen die Stilisten ihrer Phantasie freien Lauf. Nächste Seite : *Die Version 1959 sieht ähnlich übertrieben aus. Man braucht sich nur die Heckleuchten und die Stoßtangenhörner anzusehen.*

MOTEL
PONTIAC
Bonneville
NEVADA
WKD534

MOTEL

TEXAS

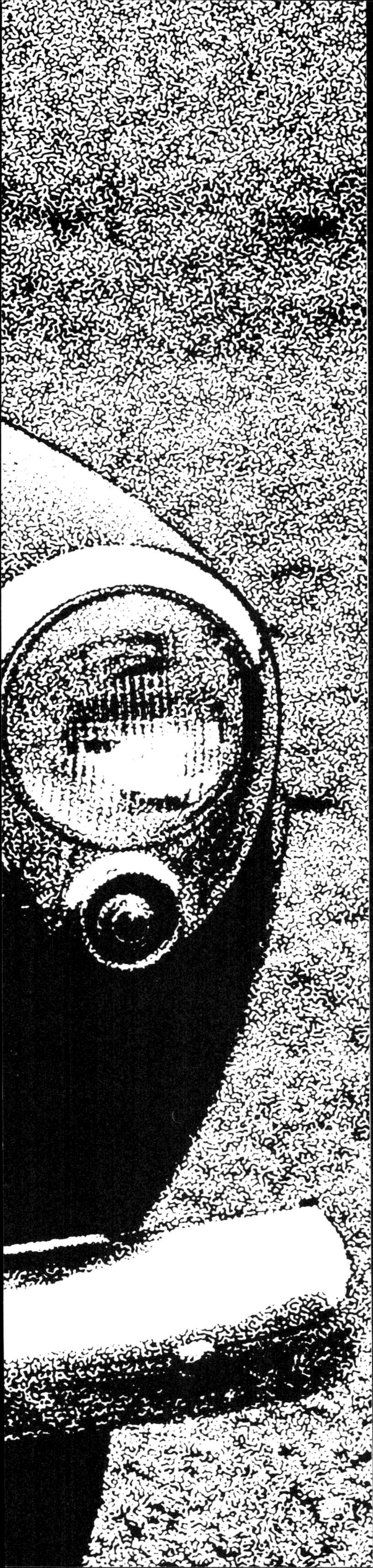

UND DIE ANDEREN

Hudson

Die Firma Hudson oder vielmehr die Hudson Motor Car Company entsteht im Jahr 1909, zur gleichen Zeit wie viele andere Firmen. Wie die anderen kennt auch Hudson bis in die dreißiger Jahre eine wirtschaftliche Blütezeit. Aus Absatzgründen spezialisiert sich Hudson, genau wie die anderen Hersteller, auf den Bau von kleineren Vier- und Sechszylinder-Modellen. 1932 bringt die Firma, die sich inzwischen Hudson Essex nennt, den „Essex Terraplane" heraus, ein von einem 70 PS leistenden 3,2 Liter-Motor angetriebenes Modell. Das Geschäft geht nicht schlecht, bis 1935 der Firma beträchtliche Komplikationen und Gewinneinbußen bringt. Dies ist eine wichtige Feststellung, denn abgesehen von einer kurzen Zeit wirtschaftlichen Wohlstands — von 1948 bis 1952 — befindet sich die Firma Hudson un-unterbrochen in einer prekären Lage, die schließlich 1958 zum endgültigen Verschwinden der Marke führt. Dabei fragt man sich, wie ein solches Unternehmen, das Zweidrittel der Zeit mit Verlust gearbeitet hat, überhaupt so lange überleben konnte.
Die Hudson-Baureihe besteht im Jahr 1940 aus fünf Modellen von guter Qualität, von denen sich das billigste „Hudson Six" nennt. Es folgen der „Super Six", der „Country Club Six", der „Hudson Eight" und der „Country Club Eight". Mit allen diesen Modellen verliert Hudson jährlich 2 Millionen Dollar, aber die Firma fährt mit der gleichen Produktionspolitik fort...
Nach dem Krieg kommt endlich der Erfolg. Jetzt fängt auch für Hudson das goldene Zeitalter an, und zwar dank eines Super-Modells, das merkwürdigerweise schon 1940 von zwei Genies in Sachen Automobil, dem Stilisten Frank Spring und dem Ingenieur Sam Frahm, entworfen und entwickelt worden was. Warum Genies? Weil sie eine teilselbsttragende Karosserie entwickelt und bei Großserien-Fahrzeugen verwendet haben (nach Nash allerdings). Aus diesem Grund nennt sich das Fahrzeug „Monobilt". Das Fahrgestell ist bei diesem Fahrzeug gleichzeitig auch der Wagenboden (ich vereinfache etwas), der also nicht mehr aus einem auf dem Rahmen aufgesetzten, zusätzlichen Teil besteht. Daher erhält dieser 1948 vorgestellte Fahrzeugtyp die Bezeichnung „Step down", was frei übersetzt soviel heißt wie „Vorsicht, es geht hinunter". Kurz und gut, diese Konstruktion erregt überall Aufsehen, denn dieses ungewöhnlich niedrige Fahrzeug hat dank seines tief liegenden Schwerpunkts eine bessere Straßenlage als die Modelle mit der traditionellen Rahmenkonstruktion. Sie ist sogar noch besser als beim Studebaker, der 1947 mit seiner strömungsgünstigen Ponton-Karosserie ebenfalls eine geniale Idee verwirklicht, aber die klassische Rahmenkonstruktion beibehält.
Bei Hudson findet also eine kleine Palastrevolution statt. Auch hinsichtlich des Verkaufserfolgs zeichnet sich eine kleine Revolution ab : Zum ersten Mal seit langer Zeit befindet sich Hudson in der Gewinnzone. Obwohl die Modelle noch mit den alten Sechs- und Achtzylindern ausgestattet werden, bereitet das Publikum ihnen einen glänzenden Empfang. 150 000 Exemplare werden im Erfolgsjahr 1948 verkauft. Der Beifall ist ungeteilt und das mit Recht. Im nächsten Jahr werden 5 000 Fahrzeuge mehr verkauft als 1948 und der Gewinn beträgt 10 Millionen Dollar, eine Summe, die noch etwas zu knapp ist, um größere Investitionen vorzunehmen. Jedenfalls geht es dem „Step down" glänzend — danke der Nachfrage!
Um sich nicht überrunden zu lassen, bringt Hudson 1950 ein besonders preiswertes Modell heraus, den „Pacemaker", mit einem leichten 3,6 Liter-Sechszylinder-Reihenmotor, der 112 PS leistet. Die beiden großen Modelle, der „Super" und

Vorhergehende Seite : *Der viertürige Hudson „Hornet" aus dem Jahr 1952 wird durch einen Sechszylinder-Reihenmotor mit Overdrive angetrieben. Das kleine Markenschild am Bug leuchtet auf, wenn das Standlicht angeschaltet ist.*
Unten : *Das Instrumentenbrett des „Hornet" mit Kunststoff-Instrumenten die wie Perlmutter schillern.*

der „Commodore" werden weiter gebaut.
1951 stellt Hudson ein neues Modell vor, den „Hornet 6".
Der „Hornet 6" leistet sich ein paar Siege (27) bei den NASCAR-Rennen. Im nächsten Jahr bringt die Firma ein im Verbrauch besonders sparsames Modell in der Serie „Wasp" heraus. 1953, das letzte erfolgreiche Jahr bei Hudson, was die attraktive, harmonische Silhouette seiner Fahrzeuge betrifft, verliert der „Step down" mit einem kleinen 1,7 Liter-Motor beträchtlich an Bedeutung. Es handelt sich um das Basismodell für die Jet-Serie. Ein wenig passender Name, wie sich herausstellt, denn die Verkaufsziffern gehen keineswegs Jet-artig in die Höhe. Man glaubt, die Karosserie sei schuld und überarbeitet 1954 den schönen Basisentwurf. Das Resultat ist so wenig gelungen, daß sich auch die letzten Anhänger der Marke abwenden und ihr Glück woanders suchen. Am Rand des Abgrunds unterzeichnet die Hudson Company einen Fusionsvertrag mit der Firma Nash Kelvinator (Kühlschränke), und von diesem Jahr an bis zum endgültigen Verschwinden der Marke im Jahr 1948, entstehen nur noch uninteressante Modelle. Erwähnt sei noch das Erscheinen eines V8 im Jahr 1955, der allerdings die Lage auch nicht mehr retten kann.
Schade. Adieu, hübscher „Step down"!

Kaiser

Auf der einen Seite Joe Frazer, der lange bei General Motors tätig war, dann zu Chrysler übergewechselte, kurz bei Willys Overland auftauchte und schließlich, Ende 1944, bei Graham Paige landete.
Auf der anderen Seite Henry J. Kaiser, Spezialist im Hoch-und Tiefbau, der Freeways, Staudämme (Boulder Dam), Talbrücken (Bay Bridge), Tunnel, Kanäle und Schiffe baut. Der Zufall will, daß sich die beiden Männer begegnen. Aus dieser Begegnung geht im Juli 1945 die Kaiser-Frazer Corporation hervor, eine Automobilfirma. Diese Firma kauft das Riesenwerk von Willow Run im Staat Michigan, wo die zukünftigen Produktionsanlagen untergebracht werden. Dabei hatte man wohl etwas zu groß gesehen.
Die ersten Kaiser-Modelle entstehen 1947. Es ist der viertürige „K 100 Special" und der „K 101 Custom". Nur 5 500 « Custom » verlassen die riesige Montagestrasse im „Willow Run", der „Special" findet mit einer Produktion von 65 000 Fahrzeugen mehr Anklang beim Publikum. Gleichzeitig baut der Teilhaber Frazer, der immer noch seinen Direktorenposten bei Graham Paige innehat, seine eigenen Fahrzeuge, die den Kaiser-Modellen gleichen, aber andere Namen tragen. So bringt Frazer 1947 insgesamt 6 400 „Frazer-Graham-Paige" — Fahrzeuge an den Mann (die letzten mit diesem Namen) und 30 000 schlicht „Frazer" genannte Exemplare. Beide Männer sind gerissene Geschäftsleute, und obwohl ihre Fahrzeuge nicht sehr originell sind, gelingt ihnen in den Jahren 1947 und 1948 eine Produktion von 200 000 Fahrzeugen.
Ohne die Übersicht in dem Durcheinander der verschiedenen Modelle der Firma zu verlieren, die drei Versionen vom gleichen Modell unter zwei verschiedenen Namen verkauft, kann mit Bestimmtheit gesagt werden, daß Kaiser nach dem „K 100 Specia" in den Jahren 1949 und 1950 ein sehr originelles Modell unter dem Namen „Traveler" herausbringt. Es handelt sich dabei um seine schlichte, viertürige Limousine, die aber dank einer Flügeltür im Heck und einer hinteren Sitzbank in einen Kombiwagen verwandelt werden kann. Im Grunde handelt es sich um den Vorläufer unserer heutigen fünftürigen Modelle. Dann entsteht der „Virginian" als zweitürige Limousine und in einer viertürigen Cabriolet-Version, die zweifellos attraktiv ist, aber wegen mangelnder Zuverlässigkeit bald nicht mehr gefragt ist.
Die großen Neuheiten des Jahres 1951 nennen sich „K 511 Special" und „K 512 De Luxe" und sind von einem Stilisten namens Darrin entworfen. Es handelt sich wirklich um eine revolutionäre Karosserielinie, lang und niedrig, mit einer enormen Fensterfläche und einer in ihrem oberen Rand herzförmig geschwungenen Windschutzscheibe. Leider fehlen der Firma die nötigen Mittel, um einen V8 zu entwickeln, und so werden die K-Modelle Baujahr 1951 mit einem Motor versehen, der seine dürftigen 115 PS bei 3 500 Umdrehungen abgibt.

Nächste Seite, oben : *Die Version 1953 mit herzförmig geschwungener oberer Einfassung der Windschutzscheibe.*
Unten : *Das Modell „Darrin" mit seiner originellen Karosserie aus Polyester, mit Schiebetüren und einem merkwürdigen Kühlergrill, der wie ein großes Tortenstück aussieht.*
Rechte Seite, oben : *Der Nash „Airflyte", auch „Bathtub" — Badewanne — genannt, mit umklappbaren Rückenlehnen.* Unten : *Der „Nash-Healey", ein halb amerikanischer, halb englischer Wagen.*

HEP 105

4D B 349

NASH CAR CLUB
CALIFORNIA
1AJL757
OF AMERICA

1951 wird das neue Kaiser-Modell mit langer, niedriger und spitz zulaufender Silhouette in zwölf Versionen angeboten. 1952 bleibt das Gesamtbild erhalten, bis auf einige Details : Die Windschutzscheibe ist durchgehend und der Kühlergrill hat eine neue Form. Außerdem leistet der alte 3,7 Liter-Sechszylinder-Reihenmotor jetzt 118 PS. Trotz seiner sportlichen, ungewöhnlichen Silhouette findet das Modell wenig Anklang. Nur 6 000 „Virginian" finden innerhalb eines Jahres Abnehmer. Ansonsten werden 7 500 „De Luxe" und 19 000 „Manhattan" verkauft, ein Rekord für Kaiser.
Im Jahr 1953 nennt sich das Topmodell „Dragon", mit fast unveränderter Karosserie. Die luxuriöse Note erziehlt man durch die zahlreichen Chromteile, Weißwandreifen, einen echt goldenen Namenszug (wie die Dekoration der Motorhaube), durch ein Kunststoffdach im gleichen Farbton und aus dem gleichen Material wie die Sitzbezüge, durch getönte Scheiben und ein „Hydra-Matic"-Getriebe. Ein gelungenes Fahrzeug zum Preis 4 000 Dollar. Leider finden nur 1 277 „Dragon" Abnehmer. Die Jahre 1954 und 1955 sind die beiden letzten der Firma Kaiser. Die Modelle erhalten neue Front- und Heckpartien; außerdem wird ein „Mac Culloch"-Kompressor wahlweise angeboten, mit dem die Leistung auf 140 PS ansteigt. Aber das Ende naht : Die Zahl der 1954 verkauften Fahrzeuge beläuft sich auf 8 500 Exemplare und sinkt im nächsten Jahr auf 1 300. Der „Drache" geht langsam ein — zumindest in Nordamerika, denn in Argentinien überlebt er bis 1962 unter dem Namen „Kaiser Carabela".
Außer dem „Drachen" macht Kaiser in den letzten Jahren noch zwei weitere Versuche, die sich „Henry J" und „DKF 161" nennen (das Cabriolet von Darrin). Der „Henry J" ist ein zweitüriges, mittelgroßes Fahrzeug, das von 1951 bis 1954 gebaut wird. Es verfügt über einen „Supersonic" genannten Willys Vier- oder Sechszylinder-Motor, der in den beiden Versionen 68 oder 80 PS leistet. Dank seines geringen Gewichts ist es ein wendiges und spritziges Fahrzeug. 1952 erscheint der „Vagabond" im gleichen Stil wie der „Traveler", dann der „Corsair", der bis 1954 gebaut wird. Im Anschluß daran wird die Produktion mangels Nachfrage eingestellt. In vierjähriger Produktionsdauer waren fast 120 000 „Henry J" gebaut worden.
Und das Cabrio „Darrin"? Wie der Name sagt, stammt der Entwurf von Dutch Darrin und seine Besonderheit liegt in einer revolutionären — oder, je nach Geschmack — grotesken Linienführung : Ein winziger Kühler in Form eines Tortenstücks, Schiebetüren und eine Karosserie aus Polyester, die seinen Charme ausmacht. Das Fahrgestell mit einem Radstand von 2,54 m ist das gleiche wie beim „Henri J". Beim Motor handelt es sich um einen „Willys", der 90 PS leistet, in 13 Sekunden von 0 auf 60 miles/hour beschleunigt und eine Spitzengeschwindigkeit von 160 km/h erreicht. Der „Darrin" wird nur im Jahr 1954 gebaut und erziehlt einen „Höflichkeitserfolg", was ein eleganter Ausdruck für „totaler Misserfolg" ist. 435 offenbar Unzurechnungsfähige kaufen dieses Fahrzeug zum stolzen Preis von 3 700 Dollar. Dann tut sich nichts mehr bei Kaiser...

Nash

Sein Name ist Charles William Nash. Er ist Präsident von General Motors. Im Sommer 1916 kündigt er, um seine eigene Firma zu gründen. So entsteht die Nash Motors Company , aus der 1917 schlicht Nash wird. Die Firma baut Roadsters und diverse andere Sportfahrzeuge, ein bis zum Anfang der Krise einträgliches Geschäft. Danach, im Jahr 1934, früher als die anderen unabhängigen Hersteller, bringen die Nash-Modelle wieder Gewinn, und zwar hauptsächlich die Serie „Lafayette".
1936 hat der inzwischen 72 Jahre alte C.W. Nash Gesundheitsprobleme. Ein Nachfolger muß her, kein Waschlappen, sondern ein Chef, der die Firma mit sicherer Hand durch die Krisenzeiten hindurchsteuern kann. Man beordert George W. Mason herbei, der zu diesem Zeitpunkt Präsident der Kelvinator Corporation ist (wieder die Kühlschränke). Mason lehnt dankend ab, schlägt aber einen Zusammenschluß der beiden Firmen vor. Der Vorschlag wird angenommen : Man wird also außer den Kühlschränken noch Autos bauen. Der superdynamische Mason stellt ein Team von Ingenieuren und Stilisten auf die Beine, die ein neues Modell entwickeln sollen. So entsteht 1940 der „Nash 600", bei

Rückansicht des Nash „Airflite“ mit dem „Continental Kit“.

dem erstmals, noch vor Hudson, das Prinzip der selbsttragenden Karosserie nach dem Flugzeugvorbild angewendet wird.
Nach dem Krieg taucht das sechs Jahre früher entwickelte Modell — aktueller denn je — wieder auf. Es wird mit rund 10 000 verkauften Fahrzeugen ein Bombenerfolg. Der billigste Motor der Baureihe ist der 112 PS leistende Sechszylinder-Reihenmotor mit obenliegender Nockenwelle. Aber all das ist nichts im Vergleich zu dem revolutionären Ereignis, das 1949 mit dem Erscheinen des „Airflyte“ stattfindet (siehe erstes Kapitel), der bald wegen seiner bauchigen, überall runden Formen den Spitznamen „Bathtub“ (Badewanne) erhält. Fast 143 000 Fahrzeuge werden verkauft. Ein wirklich originelles Fahrzeug, dieser „Airflyte“, mit seinem winzigen Kühler und kaum sichtbaren, unter Radabdeckungen versteckten Rädern. Dieser hohe, bauchige Unterbau ohne Radausschnitte hat tatsächlich Ähnlichkeit mit einer Badewanne. Eine andere, wichtige Neuheit sind die umklappbaren Frontsitze.
1950 erhält das Modell das „Hydra-Matic“-Automatikgetriebe und der Erfolg übertrifft noch den des Vorjahres: 190 000 Fahrzeuge finden Abnehmer. Der Augenblick ist günstig, um das erste Kompaktauto der amerikanischen Automobilindustrie herauszubringen, den „Rambler“. Aber dieser Beitrag genügt Nash noch nicht; 1951 entwickelt die Firma den Sportwagen „Nash-Healy“, der vier Jahre lang in kleiner Serie gebaut wird.
Auch der „Rambler“ findet beim Publikum Anklang und obwohl nicht allzu billig, stellen die damit erzielten Gewinne eine wirksame Unterstützung für die Firma Nash-Kelvinator dar, die finanzielle Probleme hat. Die reinen Nash-Modelle bringen immer weiniger ein. Präsident Mason trifft daher eine andere Entscheidung: Die Gruppe Nash-Kelvinator, der seit 1954 die Hudson Motor Car Company beigetreten ist, nimmt noch zusätzlich die American Motors Corporation ins Schlepptau. So entsteht eine große Firmengruppe, die über Bestände von mehr oder weniger veralteten, mehr oder weniger absetzbaren Fahrzeugen verfügt. 1956 verleibt sich die Gruppe eine weitere Marke ein, die Metropolitan, der Name eines in England gebautes Kleinautos, das die Merkmale der Nash-Modelle und der englischen Austin in sich vereinigt. Eine merkwürdige Mischung.

CALIFORNIA
BOR

BOR 921

Packard Clipper
HEAD LITE
FRESH AIR

Vorhergehende Seite : Ein prachtvoller Packard „Clipper Club" Baujahr 1946, dessen 5,3 Liter-Motor damals schon 165 PS leistete. Man beachte die Klasse und die Finesse des Kühlerprofils! Dieses Modell ist eines der letzten Prestigefahrzeuge der Marke.

Packard

Die Firma Packard hat 1949 ihr fünfzigjähriges Bestehen gefeiert. Für sie ist die Zukunft nicht ganz sorgenfrei, denn wie alle Einzelfirmen befindet sich auch Packard in einer prekären finanziellen Lage. Keinem Firmenkonsortium auzugehören bedeutet, alle Risiken allein zu tragen. Ein einziger mißlungener Entwurf, ein Motor, der irgendwo eine Schwäche hat, kann die Firma aus dem Gleichgewicht bringen.

Das passiert zum ersten Mal Anfang der dreißiger Jahre. Bis dahin baute Packard Prestigefahrzeuge, die den Starautos der „twenties", den Lincoln, Cadillac, Marmon und anderen, in nichts nachstanden. Unglücklicherweise bringt die Krise von 1929 die wenig solide finanzielle Situation der Firma aus dem Gleichgewicht. Luxusautos sind auf einmal nicht mehr gefragt und nur die großen Firmengruppen, die in ihren Baureihen Klein — und Mittelklassefahrzeuge anbieten, können sich über Wasser halten. Packard kann damit natürlich nicht aufwarten. Es empfiehlt sich daher, zukünftigen Wirtschaftskrisen mit dem Bau von kleineren und preiswerteren Fahrzeugen der Mittelklasse vorzubeugen. Packard entschließt sich deshalb schweren Herzens, die ersten, leichten Kratzer am Firmenimage in Kauf zu nehmen : Man spricht von kleinen Radständen, von schwächeren Motoren, konkurrenzfähigen Preisen...

Da man bei Packard die Gefahr schnell erkannt hat, kann sich die Firma während der „thirties" mit Würde aus der Affäre ziehen, indem sie weiter Prestigefahrzeuge baut, außerdem aber Mittelklassefahrzeuge anbietet, die ebenfalls von vorbildlicher Qualität sind.

Bis 1940 sind die Packard ziemlich kantige Autos, mit einem traditionellen schmalen, hohen Kühlergrill. 1941 gelingt Packard ein neuer Start mit einem von Darrin entworfenen Fahrzeug, das die Bezeichnung „Clipper" trägt, und dessen Entwurf von Packard überarbeitet worden war. Das neue Modell hat weiche, fließende Linien, die im Heck schräg zur Stoßstange hin abfallen. Die Kühlermaske ist noch schmaler. Der „Clipper" wird in drei Versionen angeboten : Als „Clipper Sedan", als „Clipper Super Sedan", beides Limousinen, und als Cabriolet „Custom". Alle werden durch den alten 125 PS leistenden Achtzylinder-Reihenmotor angetrieben. Der viertürige „Super Sedan" wird für 1 420 Dollar angeboten, ein bescheidener Preis im Vergleich zu den Topmodellen, die 5 599 Dollar kosten („Custom Super", auch „One Eighty" genannt).

Da traditionsgemäß alle großen Firmen, die etwas auf sich halten, in ihren Reihen mehrere Stilisten zählen, die wie in alten Zeiten Spezialkarosserien entwerfen, beugt sich auch Packard dieser nicht mehr zeitgemäßen Tradition. Das ist sein Fehler. Immerhin ist es der ganze Stolz der Firma, Anfang des Jahres 1940 Fahrzeuge anbieten zu können, die von berühmten Meistern wie Darrin, Rollson und Le Baron eingekleidet worden waren. Die Meister arbeiten natürlich für Modelle mit langem Radstand und entwerfen Limousinen oder Cabriolets von vorbildlicher Eleganz, wie beispielsweise das von Derham karossierte Cabriolet „Custom Super". Aber zu welchen Preisen!

Um einen gesunden Ausgleich zu finden und den Anschluß an die übrige Automobilproduktion nicht zu verlieren, versucht Packard, auf technischem Gebiet Neues zu schaffen. 1941 bringt die Firma ein Getriebe ohne Kupplungspedal heraus, das kein Automatikgetriebe ist und sich „Electromatic Clutch" nennt. Für die „Super" und „Custom" gibt man sich besondere Mühe : Diese riesigen Ungetüme erhalten einen ebenso enormen, 5,8 Liter-Achtzylinder-Reihenmotor, der bei 3600/min 160 PS entfaltet; eine zünftige Leistung, die den Spitzenmodellen Flügel verleihen müßte. Das ist leider nicht der Fall, denn die „straight eight" sind unverhältnismäßig schwer. Allein die neunfach gelagerte Kurbelwelle wiegt fast 50 kg und der ganze Motorblock bringt es auf 500 kg! Deshalb sind seine Beschleunigungswerte in den riesigen Karosserien der „Super" und „Custom"-Versionen keineswegs vorbildlich. Allerdings schafft der Achtzylinder, wenn er nach vielen Kilometern endlich auf Touren gekommen ist, eine Höchstgeschwindigkeit von 160 km/h. Alle Modelle von 1942 erhalten neue Karosserien nach dem Vorbild des „Clipper".

Während des Kriegs stellt Packard vorübergehend seine Automobilproduktion ein, um sich dem Bau von Flugzeugmo-

toren zu widmen. 1946 wird die Produktion ohne nennenswerte Änderungen der Baureihe wieder aufgenommen. Im gleichen Jahr baut Packard 42 000 Fahrzeuge, 55 000 im Jahr 1947.
Dann ist es an der Zeit, den inzwischen veralteten Modellen einen modernen Anstrich zu geben. Leider fehlen Packard die Mittel, um ein vollkommen neues Fahrzeug zu entwickeln, und so holt man einen Entwurf aus der Zeit vor dem Krieg wieder hervor, der überarbeitet und der Mode angepaßt wird. So modernisiert, ist das Fahrzeug noch runder als seine Vorgänger, was ihm den Spitznamen „Elephant" einträgt. Der traditionelle, mit waagerechten Stäben versehene Kühlergrill ist hier etwas niedriger und verliert neben einer breiten, ebenfalls aus 5 waagerechten Chromleisten bestehenden Stoßstange an Bedeutung. Alles übrige sieht rund und etwas aufgedunsen aus; eine Silhouette, die allerdings den Beifall der Menge findet, denn 1948 finden 90 000 Exemplare dieses Nachkriegsmodells Abnehmer. Im nächsten Jahr steigt diese Zahl auf 115 000 Fahrzeuge.
Wenn man von den Motoren absieht, die in diesem für Packard segensreichen Jahr einige PS mehr leisten, besteht die aufsehenerregende Neuheit in einem Getriebe, das sich „Ultramatic" nennt. Es ist das einzige, je von einem unabhängigen Automobilhersteller entwickelte Automatikgetriebe. Das Ergebnis kann sich sehen lassen : Konzeption und Ausführung sind einwandfrei. Die Gangschaltung ist noch weicher und geschmeidiger als beim „Hydramatic" von Cadillac — und das will viel heißen!
In diesem Jahr 1949 liegen die Preise zwischen 2 224 und 4 868 Dollar. 1950 bringt nicht viel Neues. Der Achtzylinder, der diese etwas schwerfälligen Geschöpfe mit den großzügigen Formen antreibt, leistet je nach Version 135, 150 und 160 PS.
1951 führt Packard mit modernen Karosserien von wirklicher Eleganz, die in drei deutlich unterscheidbare Versionen eingeteilt sind, einen neuen Karosseriestil ein. Die Basismodelle heißen, bzw. erhalten die Seriennummern 200 und 200 de Luxe. Sie haben einen Radstand von 3,0 m und leisten 135 PS mit einem kleinen „straight eight" von 4,7 Litern. Das dritte Modell ist der 300, sein Radstand beträgt 3,30 m und sein Motor hat einen Hubraum von 5,4 Litern, mit dem er 150 PS entfaltet. Das Topmodell der Serie ist der „400 Patrician" mit dem gleichen Radstand von 3,30 m und dem gleichen 5,4 Liter-Achtzylinder.
Bis 1952 besteht das Markensymbol aus einem majestätischen Kormoran, der mit ausgebreiteten Schwingen auf der Spitze der Motorhaube thront. Aber wie so häufig, treibt auch bei Packard ein übler Besserwisser sein Unwesen, der unter dem Vorwand aerodynamischen Stylings den Meeresvogel stilisiert und ihm die Flügel schneidet. Ein böses Omen? Symbol eines Unglücksvogels, der die Firma zu Fall bringt? Es sieht momentan nicht so aus, denn 1953 wechselt Packard seinen Präsidenten (oft ein schlechtes Zeichen), der sich jetzt Nance nennt. Er hat die Absicht, Ordnung in die Firma zu bringen, die Motoren zu verbessern, kurz und gut, er will modernisieren.
Er läßt die Karosserien vorerst unverändert und macht sich über die Motoren her. Das Basismodell 200 nennt sich

Seitenansicht des Packard „Super 8" von 1949. Die ersten Anzeichen der Dekadenz sind bereits festzustellen. Nächste Seite : *Der letzte Packard trägt den Namen „Caribbean" und wurde 1956 in einer kleiner Serie von 275 Fahrzeugen gebaut. Das Radio verfügt über einen automatischen Programmsucher; die Sitzbezüge sind zweiseitig verwendbar. Unter der Haube befindet sich ein 310 PS-starker Motor.*

Packard

wieder „Clipper" und erhält den 4,7 Liter-Motor, der 15 PS mehr leistet, als sein Vorgänger (von 135 auf 150 PS). Der „200 de Luxe" wird zum „Clipper de Luxe", behält seinen Radstand von 3,0 m und seinen 5,4 Liter-Motor, der seinerseits einen Leistungszuwachs von 10 PS erfahren hat (von 150 auf 160 PS). Der 300 wird „Cavalier" getauft und das Spitzenmodell „Patrician" darf seinen Namen behalten.

Im Grunde bietet Nance zwei Mittelklassefahrzeuge und zwei Luxusmodelle an. Vom finanziellen Standpunkt aus gesehen ist diese Maßnahme gerechtfertigt, wenn die Mittel zu einer reich bestückten Modellpalette fehlen. Aber Nance begeht den Fehler, die Baureihe um zwei Luxusfahrzeuge zu bereichern, dabei wäre das Gegenteil angebracht gewesen, d.h. der Bau von zwei weiteren preiswerten Modellen. Der zweitürige „Mayfair" mit Hardtop erhält einen 180 PS-starken Motor. Dann bringt Nance ein Super-Luxusmodell heraus, ein Cabriolet das den Namen „Caribbean" trägt. Es hat Speichenräder, Chromleisten am unteren Fahrzeugrand und an den Konturen der Radausschnitte und ein auf dem Kofferraumdeckel angebrachtes Reserverad. In diesem Jahr werden nur 750 Fahrzeuge gebaut — trotzdem bleibt der „Caribbean" in einsamer Größe und mit kleinen Stückzahlen bis 1956 auf dem Produktionsprogramm, weshalb diese Rarität heutzutage sehr gefragt ist.

Im Jahr 1954 ereignen sich mehrere Dinge; als erstes der Zusammenschluß von Packard und Studebaker. Man kann sich fragen, welche der beiden unabhängigen Firmen wohl die meiste Hilfe brauchte. Jedenfalls führen beide weiter ihren Namen, bauen auch weiter ihre eigenen Modelle und unterstützen sich gegenseitig nur im Bedarfsfall. Das zweite Ereignis betrifft den „straight eight", der verbessert wird und mit einem Hubraum von 6 Litern und einem Aluminium-Zylinderkopf jetzt 212 PS leistet. Er sieht aus wie ein Betonblock und ist für die Spitzenmodelle, den „Patrician", den „Caribbean" und den zweitürigen „Mayfair" bestimmt. Aber diese Anstrengungen zahlen sich nicht aus : Bis zum Jahresende können nur 32 000 Fahrzeuge verkauft werden.

Dabei verliert Mister Nance jedoch keineswegs seinen Optimismus. Außerdem hat er in seinem Gehirnkasten zwei Ideen auf Lager, die alle Probleme schlagartig lösen sollen : Erstens eine vollkommen neue Modellreihe, zweitens einen neuen Motor.

Was das neue Profil betrifft, so vereinigen sich in ihm die damals gültigen Stilkriterien : Langgestreckte, noble Linien und ein Kühlergrill, der die traditionelle hohe und schmale Form der dreißiger Jahre endgültig verloren hat und jetzt breit und niedrig ist. Sogar die allgemein zu wuchtige Stoßstange fügt sich hier harmonisch in das Gesamtbild der Frontpartie ein. Gleichzeitig findet man die beiden „Clipper"-Versionen „Sedan" und „Super Sedan" mit zwei und vier Türen wieder, während der „Cavalier" und seine Cabriolet-Version von der Bildfläche verschwunden sind. Die einzigen überlebenden Packard-Modelle, die bereits vor dem Zusammenschluß Packard-Studebaker gebaut wurden, sind der „400 Patrician", das Coupé „400 Patrician" mit Hardtop und der „Caribbean".

Was die technische Seite betrifft, so bringt Packard seinen ersten V8 heraus. Ein etwas später Entschluß, allerdings darf nicht vergessen werden, daß sich Packard seit langem in einer kritischen wirtschaftlichen Lage befindet und diesen letzten Trumpf ausspielt, um wieder Boden unter den Füßen zu bekommen. Es handelt sich um einen 5,2 Liter-Motor ohne besonders originelle, neue Lösungen, der 225 PS leistet — etwas knapp für das Jahr 1955. Eine weitere Neuheit ist das „Torsion-Level Ride", ein belastungsunabhängiges System mit automatischer Korrektur des Bodenabstands. Leider ist dieses System, mit dem die drei Packard-Modelle serienmäßig ausgerüstet werden, wenig zuverlässig. Bei Packard fängt man das Jahr 1955 voller Zuversicht an, aber unglücklicherweise ist der günstige Moment für die technischen Verbesserungen vorüber und die schönen Packard haben einen Teil ihrer Klasse, Eleganz, Noblesse und ihres Prestiges eingebüßt. Um die Gewinneinbußen wettzumachen, bleibt nur das extreme Mittel der Preiserhöhung. Die Packard kosten zwischen 2 586 und 5 932 Dollar, (letzlerer ist der Preis für den mit einem Cadillac vergleichbaren „Caribbean").

1956 ist das letzte Jahr für die Packardmodelle. Von 1956 bis 1958 tragen sie den Namen „Packard-Studebaker" und sind in Wirklichkeit unvorteilhaft verwandelte Studebaker-Modelle.

Ein trauriges Ende für die berühmte Marke!

Dieses Cabriolet „Caribbean“ hat eine Dreifarben-Lackierung : Cremeweiß, Kastanienbraun und Pistaziengrün. *Das Markensymbol besteht aus einem Wappen mit einem Ritterhelm, das über einem V (8) thront. Von 1956 bis 1958 tragen die Packard den Namen „Studebaker-Packard“.*

Studebaker baute dieses Modell mit dem Namen „Avanti“ von 1962 bis 1964. Es ist vom französischen Stilisten Raymond Loewy entworfen und kann als zeitlose in jeder Hinsicht geniale Schöpfung bezeichnet werden. Es ist mit einem 4,9 Liter-V8-Motor ausgestattet. Die Höchstgeschwindigkeit liegt bei 240 km/h.

Studebaker

STUDEBAKER
CALIFORNIA
QVS 337
AVANTI R4

Studebaker

Man spricht schon lange nicht mehr von dieser Marke, deren Name gleichbedeutend ist mit außergewöhnlichen, schicksalsschweren Ereignissen. Eine Marke, über der ein Unglücksstern zu stehen schien, die aber auch einmalige Erfolge verzeichnen konnte und die dabei ungewöhnlich vielseitig war.

Studebaker war ursprünglich ein Familiengeschäft, das immerhin schon um 1850 gegründet wurde.

Im Jahr 1852 befinden sich die Brüder Henry und Clem Studebaker in South Bend, im Staate Indiana, mit nur ein paar cents in den Taschen. Sie verfügen über eine Art Werkstatt, in der sie anfangen, Fuhrwerke für Transporte aller Art zu bauen. Eine ausgezeichnete Idee, wie sich bald herausstellt, denn ihr Werkschuppen befindet sich auf dem Durchfahrtsgebiet nach Westen, das die „pioneers" auf der Goldsuche in Richtung Oregon oder Kalifornien durchqueren. Alles, was vorüberzieht, braucht Transportmaterial. Nach und nach nimmt der Handel der Brüder Studebaker größere Ausmaße an. Auch der Krieg mit den Indianern wird für sie zu einem einträglichen Geschäft, so daß sich Henry und Clem fünfzehn Jahre später (1867) an der Spitze eines Unternehmens mit einem Jahreseinkommen von 350 000 Dollar befinden. Im darauffolgenden Jahr gründen sie die berühmte Studebaker Brothers Manufacturing Company, die zum größten Unternehmen im ganzen Umkreis für den Bau von Fuhrwerken, Planwagen und der gesamten Ausrüstung für Pferde wird. Eine selten erwähnte, aber wichtige Tatsache ist, daß nicht Henry Ford die Akkordarbeit eingeführt hat, sondern lange vor ihm, im Jahr 1860, die Brüder Studebaker, die ein komplettes Fahrzeug in knapp 7 Minuten (!) fertigstellen konnten. Man stelle sich das vor, im Jahr 1860!

Anfang des 20. Jahrunderts beträgt das Jahreseinkommen der Brüder 2,5 Millionen Dollar — das Geschäft läuft wie geschmiert! Das Duo hatte schnell begriffen, welcher Nutzen aus Fuhrwerken gezogen werden kann, zu denen man keine Pferde braucht. So entsteht das Automobil. 1902 bauen sie das erste, elektrisch angetriebene Kraftfahrzeug, das schlicht vom großen Thomas Edison entworfen worden war. Nach einigem Ärger mit ihrem ersten benzinangetriebenen Fahrzeug im Jahr 1908 entwickeln sie ein Automobil, das zwischen 1912 und 1914 das dritte der meistgekauften Kraftfahrzeuge der damaligen Zeit war. Daneben bauen die Brüder bis 1920 weiter Transport-Pferdewagen aller Art. Dann machen sie damit Schluß, um sich ganz den Benzin-Kraftfahrzeugen zu widmen. Sie entwickeln einen Sechszylinder-Reihenmotor für ein Automobil, das wegen seiner Zuverlässigkeit besonderen Beifall findet. Ein wichtiges Detail in einer Zeit, in der man selbst reparieren mußte.

Im Jahr 1930 bietet Studebaker drei Modelle an, die sich einen guten Ruf erworben haben : Den „President", ein Luxusmodell, den „Commander" und den « Dictator », einfache aber solide Fahrzeuge. Aber die Geschäfte gehen nicht mehr so gut. 1932 können nur 44 000 Fahrzeuge verkauft werden, was nicht genügt. 1933 sieht sich Studebaker zu einem Zusammenschluß mit der Firma White gezwungen, um seine 15 Millionen Dollar Schulden zu tilgen — der erste Rückschlag, den die bisher vorbildlich gesunde Firma einstecken muß.

In der Mitte der „thirties" gelingt Studebaker ein neuer Start. Zu den Neuheiten, die in dieser Zeit überall auftauchen, zählen einzeln aufgehängte Vorderräder, der „Overdrive", hydraulische Bremsen usw. Aufs Neue kommen für Studebaker erfolgreiche Jahre mit zufriedenstellenden Produktionsziffern (85 000 Fahrzeuge im Jahr 1936). Aber mit der Wirtschaftskrise des Jahres 1938 fällt die Produktion wieder weit zurück (46 000 Fahrzeuge).

Die Firmengeschichte von Studebaker ist ein ständiges Auf und Ab.

1939 faßt die Firmenleitung den sehr vernünftigen Entschluß, sich auf die Produktion von kleinen Fahrzeugen zu konkurrenzfähigen Preisen zu verlegen, ein Versuch, der von Erfolg gekrönt ist. Vier Jahre später bringt Studebaker den vom genialen Franzosen Raymond Loewy entworfenen, berühmten „Champion" heraus (der erste des Namens). Mit einem Preis von 750 Dollar liegt das Modell rund 50 Dollar über den Ford und Plymouth der gleichen Kategorie. Hinsichtlich des Gewichts schneidet er

allerdings besser ab als seine Rivalen : Er ist wesentlich leichter und erzielt so 20 % höhere Fahrleistungen. Der „Champion“ ist mit einem 78 PS leistenden 2,7 Liter-Motor versehen, die Höchstgeschwindigkeit liegt bei 128 km/h. Das sind zufriedenstellende Werte, was auch das Publikum findet, denn im Jahr seines Erscheinens entscheiden sich 106 000 Kunden für den „Champion“. Damit zieht im Werk von South Bend wieder die Lebensfreude ein. Der Krieg bricht aus — und geht wieder zu Ende. Die Hersteller greifen wieder auf die alten Entwürfe der Vorkriegszeit zurück. Studebaker führt 1947 als erster das moderne Automobil der „fifties“ vor. Es nennt sich wieder „Champion“, ist von Raymond Loewy entworfen, von Virgil Exner leicht modifiziert worden und von Stil her eine kleine Revolution. Es hat eine Pontonkarosserie, eine niedrige, waagerechte Frontpartie, eine durchgehende Windschutzscheibe (1947!) und einen Dachabschluß als äußerst gewagtes Stilelement. Dagegen bieten Motor, Getriebe und Fahrwerk nichts Neues. Seinen Erfolg verdankt das Modell seiner revolutionären Karosserielinie : 268 000 Fahrzeuge werden allein im Jahr 1949 verkauft — ein wahrhaft einmaliger Erfolg! Die meisten werden serienmäßig mit dem neuen Automatikgetriebe ausgestattet. Im Jahr 1948 besteht die Studebaker-Modellreihe aus einer offenen Version des „Champion“-Basismodells, sowie aus einer viertürigen und einer zweitürigen Limousine. Dazu kommt der neu karossierte „Commander“ zum Preis von 2 077 Dollar.
1950 ändert sich der „Champion“ etwas : Fahrzeugrumpf, Dachaufbau und Heck bleiben unverändert, dafür erhält das Fahrzeug einen von der Flugzeugnase inspirierten, runden, konvexen Kühlermittelteil, an dem nur noch der Propeller zu fehlen scheint. Der restliche Kühlergrill ist nach hinten unter den Fahrzeugrumpf gebogen. Für die fünfziger Jahre ein sehr ungewöhnlicher Entwurf, obwohl der Flugzeugstil im Automobilbau allgemein Mode geworden ist. Aber mit dem genialen Entwurf Loewys war dem Publikum wohl etwas zu viel zugemutet worden, denn der „Champion“ 1950 ist weniger gefragt als sein Vorgänger mit der flachen, breiten Front. 1951 bleibt diese ungewöhnliche Frontpartie unverändert. Neues gibt es für den „Commander“, der einen V8 mit obenliegender Nockenwelle erhält, sowie Schraubenfedern für alle vier Räder.

Nach dem Krieg sind Stilelemente aus dem Flugzeugbau große Mode. Hier ein typisches Beispiel, ein Studebaker aus dem Jahr 1950, der auch 1951 noch diese Front aufweist. Der Motor ist ein Sechszylinder. Nächste Seite : *Das Coupé „President“ von 1955, das die gleichen Merkmale aufweist wie der „Champion“, sein Vorgänger von 1953.*

1950 wie auch 1951 liegen die Verkaufsziffern weit hinter denen des Vorgängers von 1947-1949. Wie vorauszusehen war, schneidet der „Commander“ am besten ab, das einzige Modell mit einem V8. Dieser Motor ist nicht etwa eine Rennmaschine, ein PS-strotzendes Ungetüm, das seine überschüssigen Energien aus kochendheißen Auspuffrohren spuckt, weit gefehlt! Es ist ein schlichter 3,8 Liter-Motor, der seine 120 PS bei 4 000/min abgibt. Damit bringt er es, nachdem er auf Touren gekommen ist, auf eine Höchstgeschwindigkeit von 145 km/h.
Langsam aber sicher bahnt sich der „champion“ mit seiner „bullet nose“ (Kugelnase) genannten Front einen Weg ins Unterbewußtsein der Amerikaner. Das originelle Profil des „Stude“ wird zur vertrauten Erscheinung; außerdem ist das Fahrzeug nicht teuer. Das billigste Modell, der „Champion de Luxe“, kostet 1 643 Dollar, während das Topmodell, der „Commander Land Cruiser“ zum Preis von 2 289 Dollar zu haben ist. So kommt eins zum anderen, und 1951 werden insgesamt 220 000 Studebaker-Modelle verkauft.
Anläßlich des hundertjährigen Bestehens der Firma erhalten alle Fahrzeuge 1952 eine neue Karosserie. Die „bullet nose“ verschwindet und macht einem niedrigen Kühlergrill mit dem „teeth“-Motiv Platz. 1952 entsteht ein neues, zweitüriges Modell mit Hardtop, der „Starliner“. In diesem Jahr sinkt die Produktion auf 162 000 Fahrzeuge, was bedeutet, daß die „bullet nose“ nicht allein für die Abwärtstendenz verantwortlich ist. 1953 ist wieder ein Glücksjahr für die Firma. Der Chefzeichner des Styling-Teams Loewy, Robert Bourke, entwirft ein sehr

President

Im Vergleich zu den ersten Modellen des Jahres 1953 wirkt die Front mit einer verchromten Stoßtangen-Kühlergrill-Einheit ertwas schwerfälliger. Der Motor hat einen Hubraum von 4,2 Litern und leistet 175 PS.

niedriges, rassiges Coupé von großer Eleganz, das für die „Shows" bestimmt ist. Nach ein paar Korrekturen unterbreitet Raymond Loewy der Firmenleitung seinen Entwurf, und die Sache ist abgemacht. Wie hätte es in diesem Fall anders sein können? Die Versionen des neuen Coupés erhalten einen Sechs-oder Achtzylinder, und wie beim „Land Cruiser" beträgt der Radstand 3,0 m. Die Baureihe besteht aus einer viertürigen Limousine, einem „Coach" mit zwei Türen, einem Coupé und einer Version dieses Coupés ohne Dachstreben, ein besonders gut gelungenes Modell von klassischer Schönheit. Mit seiner niedrigen, aerodynamischen Silhouette, bei der man den Fehler gewaltsamen Stylings, das sich schließlich nicht auszahlt, vermieden hat, ist dieses Fahrzeug zweifellos das Glanzstück der „fifties". Trotz aller Schönheit und Klasse ist der Verkaufserfolg nicht überwältigend : 1953 werden 186 000 Exemplare verkauft.

1954 bringt wenig Neues, die Karosserien bleiben unverändert. Die Produktion geht in diesem Jahr um die Hälfte zurück (85 000 Studebaker finden Abnehmer). Der Grund dieses Mißerfolgs? Die verhältnismäßig geringen Stückzahlen verursachen höhere Produktionskosten als bei den großen Firmen, die durch ihre Massenproduktion billiger bauen können. Außerdem sind die Motoren zu schwach, wie z.B. dieser 101 PS leistende Sechszylinder, der im Jahr 1955 natürlich völlig überholt ist. Gottseidank können die V8 im gleichen Jahr einen Leistungszuwachs verzeichnen. Der für den „Commander" bestimmte V8 hat jetzt einen Hubraum von 3,7 Litern und leistet 140 PS. Der „President" erhält einen 175 PS leistenden 4,2 Liter-Motor, ebenso wie das Topmodell, der „President Speedster" mit Hardtop, der sich durch eine originelle Zweitonlackierung und ein Instrumentenbrett aus Aluminium auszeichnet. Leider ist er teuer : 3 200 Dollar, was dem Verkaufserfolg abträglich ist. 1955 baut Studebaker nur 112 000 Fahrzeuge, dabei wäre das Doppelte nötig, um die Firma in der Gewinnzone zu halten. Wie bereits erwähnt, findet 1954 der Zusammenschluß von Packard und Studebaker statt. Für Packard bringt diese Verbindung nicht den erhofften Erfolg. 1956 verlieren die Packard-Modelle ihre charakteristische Silhouette und werden durch Studebaker-Modelle ersetzt, die an Front und Heck überarbeitet worden waren und noch zwei Jahre lang den Namen Packard tragen.

Studebaker fährt 1956 mit der Produktion seiner Fahrzeuge fort, allerdings bleibt die finanzielle Lage kritisch. Die Mischung aus Packard- und Studebaker-Linien ist wenig glücklich. Eine billige,

zweitürige Version mit dem Namen „Sedane“ wird angeboten, sowie eine Reihe von Coupés, die sich „Hawk“ nennen. Die „Hawk“ sind wenig gelungene Nachkommen des eleganten Coupés von 1953, dessen Mittelteil unverändert geblieben ist, während die Front einen neuen, verchromten Kühler, das Heck kleine Heckflossen erhalten hat. Die Versionen nennen sich „Sky Hawk“, „Golden Hawk“, „Flight“ und „Power Haw“. Studebaker rechnet fest mit dem Erfolg der Serie, die entweder mit einem Sechszylinder oder verschiedenen V8-Motoren ausgestattet ist, von denen der stärkste 275 PS leistet.
Nach dem Verschwinden der Studebaker-Packard-Modelle im Jahr 1958, baut Studebaker nur noch die Serie „Hawk“. Jedes Jahr ändern sich Front und Heck der Modelle, bis im Jahr 1962 ein ganz neues Coupé entsteht, das sich „Hawk GT“ nennt und zum Preis von 3 424 Dollar angeboten wird. Gleichzeitig hat Studebaker mit der Produktion des „Lark“ angefangen, eines Kompaktfahrzeugs, das 1959 auf dem Markt erscheint. Es hat eine etwas plumpe Silhouette und wird von einem Sechszylinder oder einem V8 angetrieben. Das Topmodell ist der „Lark Daytona“ mit einem 225 PS leistenden V8. 1963 wird die Produktion des „Lark“ eingestellt.
Studebaker, der erklärte Liebling der Pioniere des Wilden Westens, die über hundert Jahre alte Firma, geht vom Jahr 1963 an unaufhaltsam ihrem Ende entgegen. Was bleibt noch übrig, nachdem auch der „Lark“ vom Produktionsprogramm verschwunden ist? Der „Hawk GT“ und ein Neuankömmling, der „Avanti“, der für die Firma die letzte Chance bedeutet. Dieses klassisch schöne Fahrzeug mit einer besonders gelungenen Frontpartie ist wieder das Werk von Loewy, dem unbestrittenen Meister. Es handelt sich um ein Coupé mit zwei Türen und einer Karosserie aus Polyester, die sich durch einen nicht vorhandenem Kühlergrill auszeichnet. Der speziell für dieses Modell gebaute Rahmen hat einen Radstand von 2,77 m. Der „Avanti“ wird von einem kleinen 200 PS leistenden 4,7 Liter-Motor angetrieben; andere Versionen werden wahlweise angeboten. Für die Kraftübertragung sorgt ein „Borg-Warner“-Automatikgetriebe, auf die Vorderräder wirken Scheibenbremsen. Das Ganze kostet 4 759 Dollar. Die Produktion dieses kleinen Wunderwerks wird am 9. Dezember 1964 eingestellt; danach sind nur noch einige unverkaufte Exemplare auf dem Markt zu finden.
Studebaker baut noch zwei Jahre lang in kleinen Stückzahlen wenig bemerkenswerte Fahrzeuge. Im März 1966 schließt das Werk in South Bend seine Tore.

Der „President“ wurde das Spitzenmodell der Studebaker-Baureihe und ist an seiner Zweitonlackierung und dem Instrumentenbrett aus Aluminium erkennbar.

575 KIE
TUCKER 1948

Tucker

Betrug oder Genie? Steuerschwindel oder im Gegenteil, einwandfreie Buchführung? Das sind Worte, die im Zusammenhang mit dem Namen Tucker fallen. Die reine Wahrheit kennt niemand, die hat Preston Tucker 1956 in seinem Exil in Brasilien mit sich ins Grab genommen.

Die Affäre Tucker ist gleichzeitig die Geschichte des vielleicht attraktivsten Fahrzeugs der Nachriegszeit; noch kein Fahrzeug der „fifties", denn es wurde zwischen 1946 und 1949 gebaut, aber durchaus in den Rahmen dieses Buches passend, weil es — dank der von einem umstrittenen und genialen Mann erfundenen technischen Lösungen — zu unserem Thema der „fifties" gehört.

Er heißt Preston Tucker. Wer ist dieser Preston Tucker? Man weiß, daß er 1903 geboren wurde, daß er verschiedene Berufe ausgeübt hat, wie Polizist oder Autoverkäufer. Dann wird er Ingenieur und entwirft den „Miller", einen berühmten Rennwagen der Zeit zwischen den beiden Weltkriegen. In den fünfziger Jahren siedelt er nach Ypsilanti im Staate Michigan über.

Sein Ziel ist einfach : Er will das revolutionärste Automobil seiner Zeit in größeren Stückzahlen bauen. Gegen 1946 mietet er in Chikago eine leerstehende Fabrik, die während des Krieges von „Dodge Aircraft" in Besitz genommen worden war. Hier baut Preston Tucker seinen ersten Prototyp. Er erhält den Spitznamen „Torpedo" und steht in voller Größe vor mir.

Das erste, was wir genauer in Augenschein nehmen wollen, ist die Karosserie. Ihr wirklich bemerkenswerter Entwurf stammt von Alex Tremulis, der seinerzeit für „Auburn", „Cord" und „Duesenberg" arbeitete. Ohne Zweifel haben wir es mit einem hochtalentierten Stilisten zu tun, denn das Resultat seiner Bemühungen ist unerhört, einfach genial. Es handelt sich um eine viertürige Limousine mit Heckmotor und einem, in gestreckter Linie verlaufenden, flachen „Fastback"-Heck.

Die Karosserie ist im Pontonstil gebaut und die bauchigen Kotflügel heben sich effektvoll von den harmonischen Linien des Fahrzeugrumpfes ab. Die vier Türausschnitte setzen sich bis in den Dachaufbau fort und bieten mehr Platz zum Einsteigen. Wenn die Windschutzscheibe noch aus zwei Teilen besteht, so deshalb, weil damals eine Glasfläche in diesem Ausmaß nicht realisierbar war. An der Front befinden sich drei Scheinwerfer, von denen der mittlere mobil ist und den Bewegungen der Räder folgt. Wegen dieses dritten Auges erhält der Tucker einen weiteren Spitznamen, „Cyclope". Die Stoßstange, so breit wie das Fahrzeug, sorgt durch eingesetzte Gitter für eine wirksame Belüftung des Innenraums. Im Heck findet man das gleiche Gittermuster wieder wie in der vorderen Stoßstange, das aber diesmal zur Motorkühlung dient. Zwei an den Ansätzen der hinteren Kotflügel befindliche Lufteinlasse verbessern noch den Kühlungseffekt.

Auch der Motor ist ein Phänomen : Ursprünglich war es ein Sechszylinder-Boxermotor mit vierfach gelagerter Kurbelwelle, obenliegender Nockenwelle und Einspritzsystem. Mit dem phantastischen Hubraum von 10 Litern leistete er allergings nur bescheidene 150 PS. Leider funktionierte dieses Ungetüm nie zufriedenstellend. Sechs verschiedene Motoren wurden gebaut, sechs Versuche, die schließlich für den Tucker mit einem luftgekühlten Sechszylinder-Boxermotor enden, der mit einem Hubraum von 6,5 Litern 166 PS leistet. Er besteht aus Leichtmetall und wiegt nur ca. 150 kg. In der Legende über dieses Modell wird berichtet, daß der „Cyclope" nur 10 Sekunden braucht, um von 0 auf 60 miles/hour zu beschleunigen, und daß er 100 miles/hour in 33 Sekunden

Vorhergehende Seite : *Der berühmte Tucker von 1946 war seiner Zeit weit voraus. Er ist hier vor der „Golden Gate"-Brücke in San Franzisco fotografiert. Das Licht des mittleren Scheinwerfers, der dem Modell den Spitznamen „Cyclope" eingetragen hat, schwerkt gleichzeitig mit den Rädern.* Unten : *Einer der letzten wassergekühlten Motoren. Ursprünglich besaß der Tucker einen luftgekühlten Sechszylinder-Hubschraubermotor.*

schafft. Allerdings hat noch niemand diese Werte nachgeprüft. Seine Höchstgeschwindigkeit liegt bei 200 km/h. Alle vier Räder sind einzeln aufgehängt. Wenn der Leser meint, daß dieses Automobil vielen heutigen Modellen äußerlich erstaunlich ähnlich ist, täuscht er sich nicht. Aber für die damalige Zeit was vieles an diesem Wagen so revolutionär, daß ihn niemand wirklich ernst nehmen konnte.

Im Innenraum lassen sich eine ganze Reihe moderner Details bewundern. Das Armaturenbrett ist unfallsicher, denn alle Instrumente befinden sich unter dem Lenkrad. Im Falle eines Zusammenstoßes schützt eine Passagier-Sicherheitszelle den Überlebensraum; in die Türen sind Handschuhfächer eingearbeitet.

Nachdem Preston Tucker dieses kleine Wunderwerk fertiggestellt hatte, war es ihm unmöglich, dieses Modell zum unsprünglich geplanten Preis von 2 485 Dollar zu verkaufen; sogar der schließlich angekündigte Endpreis von 4 235 Dollar genügt nicht, um das Auto mit Gewinn zu verkaufen.

Es erhebt sich also wieder einmal die Frage der Finanzierung. Tucker will ja in großer Serie bauen; dafür leiht er sich von den Händlern 25 Millionen Dollar. Auf welche Weise diese Summe verausgabt wird, bleibt ungeklärt. Außerdem gründet er eine Aktiengesellschaft, um dieses Traumauto verwirklichen zu können. Aber es sollte nie ganz bis zu Ende entwickelt werden und mit den geplanten Sicherheitsgarantien seine Laufbahn beginnen. Trotzdem gelingt es Tucker, 51 Fahrzeuge zu bauen, die alle mehr oder weniger unfertig verkauft werden. Daher — und das ist nicht verwunderlich — leitet die Sicherheitskommission eine gerichtliche Untersuchung wegen Betrugs und Fahrlässigkeit ein. Gleich am Anfang der Untersuchung verschwinden einige der Teilhaber von Preston Tucker, der zuletzt mit sieben seiner Mitarbeiter vor Gericht erscheint. Auf die wesentliche Frage nach der Verwendung der 25 Millionen Dollar gibt das Untersuchungsergebnis keine klare Antwort. Preston Tucker und seine Teilhaber werden freigesprochen. Das Geheimnis bleibt ungelöst, aber 51 Fahrzeuge existieren für die Nachwelt...

Allen Widerständen zum Trotz macht Tucker weiter. Er beauftragt Alex Tremulis mit dem Entwurf eines prächtigen, sehr strömungsgünstigen Wagens, dessen bloßer Name schon eine ganze Armee für sich einnehmen könnte : „Talisman“. Aber das Projekt wird nicht verwirklicht. Danach wandert Preston Tucker nach Brasilien aus und baut dort ein kleines, billiges Auto.

Der Tucker mit Heckmotor, Fastback-Heck und vier Türen. Der Kühlergrill ist an Front und Heck gleich, allerdings dient der Fronteinlaß der Innenraumbelüftung.

Begleittext : Wir danken aufs herzlichste all denen, die uns bei der Verwirklichung dieses Buches geholfen haben, insbesondere den zahlreichen amerikanischen Sammlern, die nicht gezögert haben, uns ihre Fahrzeuge für die Aufnahmen zur Verfügung zu stellen und einen großen Teil ihrer Zeit opferten, um uns zuzuhören und unsere Fragen zu beantworten. Unser besonderer Dank gilt Gene Babow, der uns bei unserer Suche nach den schönsten Fahrzeugen in der Umgebung von San Franzisco behilflich war, sowie Patrick Van Der Stricht, dem anerkannten Spezialisten der amerikanischen Modelle in Europa.
Schließlich danken wir auch dem amerikanischen Fremdenverkehrsamt und Frau L. Frye dafür, daß sie uns bei unserem Vorhaben und unseren Nachforschungen unterstützt hat.
Alle Fotos dieses Buches stammen von Alberto Martinez, mit Ausnahme der Aufnahmen auf den Seiten 132-133 (Anders Albinsson), 142-143 (Jacky Morel) und auf der Seite 97 (William Borel).

ACHEVÉ D'IMPRIMER
SUR LES PRESSES DE BERGER-LEVRAULT
A NANCY EN JUILLET 1986
DÉPÔT LÉGAL : AOÛT 1986 — 778039-7-1986
IMPRIMÉ EN FRANCE